Fukuoka
Shin-ichi

福冈伸一
科学散文集

琉璃星
天牛之青

[日]福冈伸一 / 著

王子豪 / 译

贵州出版集团
贵州人民出版社

RURIBOSHIKAMIKIRI NO AO Fukuoka Hakase ga Dekirumade
by FUKUOKA Shin-Ichi

Copyright © 2010 FUKUOKA Shin-Ichi

All rights reserved.

Original Japanese edition published by Bungeishunju Ltd., Japan, in 2010.

This Simplified Chinese edition copyright © 2024 by Light Reading Culture Media (Beijing) Co., Ltd.,
under the license granted by FUKUOKA Shin-Ichi, Japan arranged with Bungeishunju Ltd., Japan
through TUTTLE-MORI AGENCY, Inc., Japan.

著作权合同登记号 图字：22-2024-020 号

图书在版编目（CIP）数据

琉璃星天牛之青：福冈伸一科学散文集 /（日）福
冈伸一著；王子豪译 . -- 贵阳：贵州人民出版社，
2024.5
　（N 文库）
　ISBN 978-7-221-18307-1

Ⅰ. ①琉… Ⅱ. ①福… ②王… Ⅲ. ①生命科学 – 普
及读物 Ⅳ. ① Q1-0

中国国家版本馆 CIP 数据核字 (2024) 第 079844 号

LIULIXING TIANNIU ZHI QING (FUGANGSHENYI KEXUE SANWEN JI)
琉璃星天牛之青（福冈伸一科学散文集）
[日] 福冈伸一 / 著
王子豪 / 译

选题策划　轻读文库　　　　出 版 人　朱文迅
责任编辑　潘江云　　　　　特约编辑　姜　文

出　　版　贵州出版集团　贵州人民出版社
地　　址　贵州省贵阳市观山湖区会展东路 SOHO 办公区 A 座
发　　行　轻读文化传媒（北京）有限公司
印　　刷　北京雅图新世纪印刷科技有限公司
版　　次　2024 年 5 月第 1 版
印　　次　2024 年 5 月第 1 次印刷
开　　本　730 毫米 × 940 毫米　1/32
印　　张　7.75
字　　数　147 千字
书　　号　ISBN 978-7-221-18307-1
定　　价　35.00 元

关注轻读

客服咨询

目录

"菌斑控制"来袭
迷雾中的首脑会议
对器官移植法
修正案的担心
通过花粉症看自己
我想阻止花粉症！
文乐的生物学
蜂蜜的秘密
蜜蜂与无果的秋天
数学的矛盾
生命的不完备性定理
琉璃星天牛之青

序言

大家好，我是福冈博士。

也许有人会觉得："博士……听起来好厉害呀。"但实际上，任何人都可以成为博士。为此，只需要做到一件事——打从心底喜欢某件事、某样东西，并且一直喜欢下去。

小时候，我是一个痴迷昆虫的"昆虫少年"。我最初喜欢上的是蝴蝶，我经常会紧握住捕虫网，一动不动，等待目标蝴蝶飞来。那是个炎热的夏日，蝴蝶迟迟不肯来。"今天就放弃吧，回家啦。"可在我刚垂头丧气地走了没几步，回头望去时，那只蝴蝶仿佛在高高的枝梢间穿针引线，翩跹飞去。蝴蝶只会在特定的时间段内飞过自己的"蝶道"。

还有一次，我的眼睛瞪得又大又圆——简直像盘子，寻找凤蝶（Papilionidae）产在柑橘叶里的卵。卵呈现出黄色光泽，我直接折下橘枝，一并带回了家。我每天都会写观察记录，附上素描与豆腐块文章。首先，从卵中孵化的黑色幼虫会吃掉卵壳，然后，专心地啃食着橘叶。每蜕一次皮，幼虫就变大一分。原本呈黑色的幼虫逐渐换上一身鲜艳的绿色，身上的花纹也已具有凤蝶翅膀的雏形。

不久，我渐渐对蝴蝶失去了兴趣，取而代之的是对坚硬之美的崇尚。令我产生憧憬的正是琉璃星天牛（Rosalia batesi），一种体形很小的天牛科昆虫，但我很少能捕捉到它。那种青蓝色如此鲜明、深邃，任何画具都难以描绘，就

1

算是扬·维米尔（Jan Vermeer）也画不出来。青蓝色上散布着漆黑的斑点，两列三行，犹如声名显赫的书法家磨墨吮毫，一气呵成，泼下的无瑕墨点。那对优雅的触角呈大弧度张开，青与黑两种不同纹理交织。那青色总能让我久久屏息凝视。

你也有喜欢的东西吧？让我们随便打个比方——铁道。你一定曾经在纸上画过由点与线组成的铁道路线图。也许是山手线，也许是常磐线，你在不知不觉间已经将每一站的站名烂熟于心。这时候的你，开始为了拍摄列车驶过某座铁桥的照片，细致地调查起地图与列车时刻表；为了了解铁道兴废的历史，跑去图书馆查阅书籍和资料。

当你走进图书馆的书库，终于在书架角落找到了心心念念的某本书。翻开书页，尘埃的气味扑面而来。翻到封底看看，那里贴着盖有日戳的图书借阅卡，你竟然是十年来第一位借阅者。这本无人阅读的书静静地沉睡在书库的积灰之中。如今，它就在你的手上。多么令人欣喜呀。于是，书成了一件确凿的证物，证明你即将踏上某条道路，一如十年前曾经踏上这条路的另一位读者。

又或者曾有这样一个时刻，黄昏中，你不经意间抬头仰望，西沉的夕阳染红了缭绕的流云。碎云断霞后的天穹已经覆盖上了群青色，青色变得愈来愈浓重。你注意到，那里有颗小小的星辰在闪烁。即使仿佛要被风淹没，那颗星仍然眨着眼睛，不曾失去微弱的光芒。只是那道光在极其遥远的地方。你不想忘记那时的心情。即使流年飞逝，那份心情也会往复出现在你的人生之中——在你漫不经意读的小说中，在山崎将义的歌里，抑或是在一千两百年前的《万叶集》里。

查阅资料，行动，确认情况，再次查阅资料，考虑可能性，尝试实验，害怕失去，侧耳倾听，注目凝视，吹风。这一切都在教你如何记述这个世界。

我很偶然地因为喜欢昆虫而成为生物学家，但我想说的是，完全没有必要将自己喜欢的东西变成职业。最关键的是，你有一样喜欢的事物，而且能够一直喜欢下去。这段旅程丰富多彩到令人惊讶，一刻都不曾让你感到厌倦。它始终静静地鼓励着你，直到最后的最后。

对琉璃星天牛之青的感触，是属于我的"不可思议的惊奇"。为那种蓝色屏住呼吸的瞬间，无疑是我人生的原点。为什么要收集昆虫呢？时至今日，这个问题我已经想明白了：为了记述扬·维米尔也无法画下的蓝色的由来，为了记述这个世界的模样。

Chapter
01
博士的
研究
最前沿

浪子归来

我最近有点儿感冒。一咽唾沫就喉咙痛,鼻子也塞,咳嗽个不停。每到这个季节,肯定会感冒一两回。尽管心中不快,我还是小声嘟囔了一句:"欢迎回家。"

这话是对谁说的呢?——那些看不见的"浪子"。

流行性感冒和普通感冒大多是由病毒引起的。可说回来,病毒又是什么呢?

第一个问题是,病毒是生物还是非生物?这诚然是个好问题,因为我们必须重新追问生物的定义才能作答。病毒含有DNA或RNA(遗传物质),被保护在蛋白质衣壳之下。只有通过电子显微镜才能观察到病毒的形态,那是规整的立体结构,有的是正二十面体,有的犹如埃舍尔(Maurits Cornelis Escher)创作的木版画,还有的形如登月探测器。无论哪个都像无机质的、微小的塑料模型,与我们熟悉的有血有肉的生命体大相径庭。病毒飘浮在空气中,附着在我们的口腔黏膜和鼻黏膜上。有些病毒一旦接触到我们体内的细胞的表面,蛋白质衣壳就会发生部分降解,将DNA注入细胞。整个过程是机械性的。细胞仿佛一架被劫持的飞机,病毒DNA完成复制并合成大量蛋白质衣壳,组装出新的病毒体。它们一起飞出细胞,寻找下一个猎物。

因此，如果将生物定义为"含有遗传物质，能够自我复制的机体"，那么，病毒无疑就是生命体。

第二个问题是，病毒从何而来？作为最小的自我复制单位，病毒的构造非常简单。乍一看，病毒似乎是生命的出发点、生物的原始形态。生命仿佛是从这里开始逐渐进化、逐渐复杂化。实则不然。如果详细研究病毒的遗传物质，我们会发现，任何病毒的遗传物质与人类的都仅有部分相似。换言之，病毒曾经是人类基因组的一部分。我们的基因组经常被复制或者转录（由DNA转录为RNA）。在这一过程中，偶尔会有基因片段飞到细胞外。它将踏上一段随波逐流的旅途。大部分内容物都会不断分解，最终只有极少一部分能够附在其他细胞上，抓住复制的机会并不断增殖，一点一点发生变化，用蛋白质衣壳保护自己。然后，它将继续探索，向着自己曾属于的地方。

它们的确回到了那里。然而，这些"浪子"在经历过长久的演变之后，已经无法轻易被接纳了。或者说，我们的免疫系统将它们视为多余者，予以驱除。它们拼命地自我增殖，显示自己，咽喉痛、流鼻涕、咳嗽等，都是这场小小的竞争引发的后果。

病毒是非常不完整的存在，自身无法完成增殖，也无法呼吸、循环、新陈代谢。因此，如果将生物定义为"通过能量、物质的交换而始终保持'动态平衡'的机体"，那么，病毒又称不上生物了。

哪怕是在此刻，新的浪子仍继续从我们的身体飞出，而曾经离开的"浪子"也在不断归来。于是，我们只会认为病毒是给身体带来不适的元凶。但我们不只是"人"，同时也是完整的生命系统。在这里，基因也是能动的。

病毒，每当思考起这个微乎其微的存在，人们总会温习起生物学上的诸多难题。看来感冒也不全是坏事。

面包虫的
大事业

鸭川流过京都市内,在南部与桂川合流,而在山崎附近自东向西与宇治川、木津川交汇,形成河岸更加宽广的淀川。京阪电车从鸭川河畔的京都出町柳出发,如在众多河流间穿针引线般驶过了几座桥,行至淀川左岸,由此向大阪的淀屋桥方向进发。我住在京都的时候,十分钟爱京阪电车。车窗外的风景叫人百看不厌,流淌的河水时隐时现,转过丘陵山麓,连里竟街,屋檐投下的掠影稍纵即逝,总是为人平添几分旅行的氛围。在京都与大阪之间的民营铁道交通工具里,还有阪急电车。时髦的阪急电车在速度上堪与新干线、名神高速公路一较高低,路线大抵呈直线形,与在布满曲线的铁道线上兜转的京阪电车形成了鲜明对比。

很久以前,我便在报纸上看到了"京阪电车"一名。只记得,说的是在疾驰的特快列车上逮捕了一个撒放出两百只昆虫幼虫的男子。他将昆虫从座位下的空隙扔向后座女士的脚边。他后来供述称:"想看女性被吓得惊慌失措的样子。"(刊载于《朝日新闻》,2008年11月25日)

顺带一提,京阪电车属于特快列车,如同新干线的绿色车厢一样(尽管不比其豪华),座位成纵向两列,每列每排只能坐两人，所以才给了那人撒虫的机会。据说，男子在胶片盒里放了约三千六百只昆虫，分别装在口袋和背包里。

这实在是让人毛骨悚然。不过，我最关心的是，男子撒出的究竟是什么昆虫呢？——面包虫（Mealworm），体长两厘米，打眼一看还以为是较短的蚯蚓，但通身呈茶色，显出更为坚硬的质感。到底还是昆虫幼虫，拧来捻去，扭动身体爬行，不喜这幅景象的人怕是要起鸡皮疙瘩的。更别说像故事中那样，有许多条幼虫一齐爬动了。面包虫本来就是常在储藏小麦粉等谷物的仓库中生出的害虫，由于容易养育繁殖，常用作宠物饲料，市场上多有贩卖。爬虫类以及像骨舌鱼那样的肉食性鱼类只吃活物，面包虫也就成了重要的饵料。

我却又想起了另一桩事。那是百年前的一位喜欢昆虫的女士的故事。面包虫以谷物为食，蜕皮后逐渐长大，不久变化成蛹，最终长成小小的甲虫，学名叫作黄粉虫（Tenebrio molitor）。内蒂·玛丽亚·史蒂文斯（Nettie Maria Stevens）是一所乡间女子大学的助教，她对培育面包虫非常热心。这是她唯一的研究材料。这种不起眼的小昆虫也分有雌雄，通过交尾而产卵。夜幕下静寂的大学里，内蒂专心致志地用显微镜观察面包虫的精子和卵子。不久，她发现卵子中存在十个像是被染料染红了的颗粒，与此相对，有的精子也含有

Chapter 01 博士的研究最前沿

十个颗粒，有的却只有九个颗粒。不，非但如此，九个颗粒旁边还有个瘪瘪的东西。十个颗粒的精子与卵子结合，必定会生出雌虫；九个颗粒的精子与卵子结合，则会生出雄虫。当时的人们还无从知晓，这些颗粒就是DNA。然而，内蒂揭示了决定幼虫性别的因素正是这些颗粒，也就是染色体。

那个瘪瘪的小东西被命名为Y染色体。这就是"性别的秘密取决于遗传"的世纪大发现。决定男性之所以是男性的Y染色体之名，如今已经无人不知。然而，发现者内蒂的名字已经被彻底遗忘了。即使不去看这起撒虫事件，也已经有女性注意到，男性是作为比女性有所不足的存在而降生于这个世界上的。

谜物质的物语

世界上存在着谜一样的物质。科学家注意到了这种物质的重要性,但它的构造仍然是未知的。如果与强酸一起煮,这种物质会彻底瓦解。如果研究其分解出的碎片,则会得到A、B、C、D四种化合物。后来,我们在很多地方都发现了这种谜物质,均是由A、B、C、D四种要素构成的。然而,四种要素各自的含量比例没有任何规律性可言。有些情况下取得的样本中,A的含量较多;而在其他地方取得的样本中,C的比例更高。看来四要素如同念珠一样串联,它们的联结顺序并不遵循特殊的法则。不过,大家都相信,如果能够破解物质之谜,那就能征服世界。

一位老学者在长久的思考之后,终于注意到某个事实。"所有人都感到这里隐藏着无比重要的秘密,但任何人都无法弄清它的意义。"这就是老学者的发现。这种物质由A、B、C、D四种要素构成,而各自的含量根据样本的变化而变化。然而,无论哪一个样本,A与B的含量是相同的,C与D的含量也是相同的。

老学者觉得自己离圣杯的所在更近了一步。他确信自己将成为胜利者。于是,他夜以继日,写写画画,涂涂擦擦,仔细思考,却还是一无所获。某一天,异国的一个寂寂无闻的年轻人破解了谜题。老学者简直怀疑自己的耳朵，并衷心祈祷这只是空穴来风。然而，这并非谣传，而是事实。

谜物质的确是四要素犹如念珠一样联结的链状结构。但关键在于，它不是一条链，而是两条链，且这两条链并非各自独立存在，而是像拉链一样互相咬合。一条链上的A所在的位置，对应着另一条链上的B；一条链上有C，另一条链的对应位置则必然是D。A与B、C与D如同拼图的碎片，能够组合在一起。如果一条链上的序列是ABBADCB，那么，另一条链上就会是BAABCDA。因此，如果将两条链组合而成的"拉链"拆开，就会有A含量=B含量、C含量=D含量。老学者闭上双眼，仰天长叹。这就是遗传物质DNA之谜破解的瞬间。为什么DNA的双螺旋结构如此重要呢？因为只要确定一条链的信息，另一条链的信息就是不言自明了。"拉链"分成两段之后，各自复制出新的另一半。如此一来，"拉链"的数量就变成了两倍。换言之，在DNA的美丽结构中，潜藏着自我复制的功能，既不会多余，也不会匮乏。

生命诞生之初，世界上只有雌性。雌性并不借助谁的力量，凭借这种方式完成了自我复制。母亲生下和自己同样美丽的女儿，女儿又生下她自己的女儿。最初的十亿年间，生命的经纱只在母系间单向纺织。万物由此安常履顺。但在某一时刻，一个女人想到：如果我的美与另一女子的美，犹如丝线捻合成一股，或许会诞生更美的生命吧？这时，纬线才成其必要。

　　作为权宜之计的赶制品，男性被强行创造出来，这就是男性之所以脆弱的原因。男性寿命较为短暂，对疾病和压力的抵抗力较差。并不是亚当创造了夏娃，而是夏娃创造了亚当。所有的男性都不过是将母亲的美运至其他女人那里的"跑腿差役"。但也不是完全没有希望……至于这份希望，我写进了《有缺陷的男人们》(光文社新书，2008) 这本书中。

误看

我以前热衷于收藏各式各样的东西。令我最为沉迷的、最花力气去收集的是蝴蝶标本。随着时光的流逝，以为这些兴趣早已散逸殆尽。但看到百货商店等地经常在暑假期间举办的昆虫展宣传册，还是不由得被勾起兴致。前些日子，报纸上刊登了一条新闻：犯罪分子盗卖濒危物种的珍贵蝴蝶。旁边附有亚历珊卓皇后鸟翼蝶（Ornithoptera alexandrae）的照片。这种被誉为世界第一优美的蝴蝶，闪烁着青与绿的彩辉，怎能不让人心生憧憬呢？这种蝴蝶只栖息于巴布亚新几内亚。

我还收集过邮票和硬币。譬如"月雁""美人回首""蒲原"和"西周"，如果有谁听到这些名字时心头一震，想必是博士的同龄人或者前辈吧。当时，这些邮票引发过一阵小小的热潮。它们都是各自邮票系列中最难入手、最稀有的那一款，是所有人垂涎三尺的猎物，相应地，价格自然相当昂贵，不是我这样的少年收藏家能担负的数字。另一方面，在收集的过程中，我不知不觉就记住了几乎所有国宝、绘画巨作、国立公园及国定公园[1]的名称。硬币就更是不胜枚举

1　国立公园，指由日本环境省直接管理的国家公园；国定公园，指经日本政府指定、交由地方政府管理的准国家公园。——译者注（如无特殊说明，均为译者注）

了。"圆银"（明治时代至大正初年发行的一日元面值的大型银币）和五十钱[2]面值的银币是人气收藏品，但想要将它们纳入收藏，可要比邮票难得多。有一种被称为"特年"的年号纪念硬币，发行量极少，价格高得令人咋舌。无可奈何，我只好改去网罗现行货币。当时，若是搜刮家中的老存钱罐或者抽屉深处，总会有刻着凤凰或稻穗的一百日元硬币、又大又圆的五十日元滚落出来。我的眼睛瞪得圆溜溜的，仔细确认硬币上的年号。不过，哪里都找不到昭和三十九年（1964）的一百日元和昭和三十五年（1960）的五十日元。

令人惊讶的是，邮票与硬币的价格如今跌至谷底。我沉迷收集是快四十年前的事情了，"月雁""美人回首"的价格现在已经跌破半价或者更低了。当时，这些稀有品可是人们竞相投资的对象。现在，真的还有少年喜欢收集邮票和硬币吗？

但话说回来，为什么人会热衷于收集这些无聊的小玩意儿呢？中村兔[3]小姐指出，所谓的"收集癖"是男子独有的爱好。经她这么一说，好像还真是这么回事儿。昆虫也好，邮票和硬币也好，迷你汽车和塑料模型也好，收集者大多是男性。为什么男人总喜欢

2　钱，明治维新后使用的旧货币单位，规定1日元=100钱=1000厘，已于1953年废止。

3　中村兔（1958—　），日本小说家、散文家，代表作有《无赖君漫游记》。

收集东西呢?

　　虽然我觉得，不应该为人类的每一种生存方式都寻找对应的生物学依据，但是在男性的收集癖的起源这件事上，这种思路并非没有价值。我的假说即是如此。换言之，男性的收集癖来源于女性的贪婪。

　　生物的基本形式是女性化的，生命是用女性丝线纺织而成的；男性是在那之后被创造出来的，作为遗传物质的"搬运工"而生。最初，男性的职责的确只有搬运。可不久后，他就被赋予了其他任务。"好不容易出去一趟，回来时候记得捎带些什么。粮食和柴禾，美丽的花朵或者石头，都可以。"男人就依照命令开始了收集，而且还学会偷偷藏起来一部分，以防下次毫无收获的时候挨骂。总之，男性对于不足与匮乏抱有潜在的恐惧，而收集活动是为应对这种恐惧而生，并且延续至今。与此同时，交换、契约与记录，换言之，也即经济与法律由此肇始。

　　说来，如今博士已经不再收集邮票和硬币了，取而代之的是"误看"。误看，简单说就是"误听"的视觉版——实际上不是那回事，却看作了那回事。

连点成线的能力

　　话虽如此，我要说的也并非普遍意义上的"幻视"，即在空无一物的地方看见了些什么。幻视说到底只是一种个人体验，与此相反，误看是一种集体体验，也就是说，大部分人都不约而同地将"这样"看成了"那样"。我目前就在收集这种"误看"。例如，栖息于东南亚的椿象（一种昆虫）背部布满花纹。颠倒过来看，这类昆虫好似缩着下髯的相扑选手，还有一种椿象则很像戴着护目镜的摩托车骑手。

实际上，我们经常能在各种场所发现人脸。汽车正脸似乎能映出车主人的表情。高档进口车长着一张盛气凌人的脸，改装车的脸看起来总有几分凶神恶煞。

再比如，我修学旅行去过的华严瀑布[4]。在瀑布前拍摄的班级合照之中，背景的岩壁上仿佛浮现出投身瀑布溺亡者们的脸庞。这儿也是，那儿也有。

前不久还发生过一件奇事：美国惊现一片神奇吐司。这片吐司在网上拍卖出两万八千美金的天价。这是为什么呢？因为吐司上奇迹般地现出了圣母玛利亚的脸，尽管那只是烤焦的痕迹。

然而，脸并不是真的存在于椿象的背部、岩壁与烤焦的吐司表面，而是存在于我们的认知之内。

一般认为，人类的祖先在七百万年前与猿猴分道扬镳。在这七百万年间的大多数时候，人类不得不时刻保持警惕地活着，经常性地感到紧张与恐惧。他们无法预料何时会遭遇未知的危险与敌人。因此，我们

4　华严瀑布，位于枥木县日光市，1903年因高中生藤村操投水自杀而成为自杀胜地。

天性喜欢去往草原的遥远彼方，或者探索森林的幽暗深处，希望确认那里是否存在生物，判断其是敌人还是朋友。

如果将两个黑点间隔一定距离并置，我们立即就会看出一双"眼睛"。两个并列黑点的中间，是一个悄摸摸呼吸的鼻子，往下是被舌头舔得湿润的嘴唇。哪一个面部器官都不必看得真切，但是，它们一定存在。点与线，线与点，互相之间紧密连结，制造出了一幅图像。人类对"脸"的异常执着就是这么来的。

这种美妙的能力确实曾经为人类的物种延续提供了极大的帮助。但如今，这种能力使得我们在吐司的焦痕中看到了圣母玛利亚。

烤焦的面包让整件事变成了笑谈。但如果说，我们如今在这个世界上发现的各种因果关系、法则、规矩和模式，其实大部分都是从焦痕中浮现的圣母玛利亚的脸呢？

这就是连接点与点，继而制造图像的能力。请试着眺望夏季的夜空吧。即便是在城市，晴朗的夜晚也能看到许多星座。北天是仙后座，它与明亮的北斗七星围绕着北极星形成了优美的"W"形。但其实，并没有所谓的星座，只不过是人类将彼此距离遥不可及的星星连成了线。

二十多年前，美国名校康奈尔大学的年轻研究者发表了关于癌症发病机制的划时代新说。这一理论与数据具有堪称完美的适配性，宛如人类在天空中描绘的星座。

史上最严重的"误看"：
磷酸化级联理论

20世纪80年代初，著名生物化学家埃夫拉伊姆·拉克（Efraim Racker）在康奈尔大学任教，年轻的马克·斯佩克特（Mark Spector）拜入了他的门下。

癌细胞与正常细胞的区别是什么？对此，拉克提出了一个充满魅力的假说：癌细胞其实活得很"辛苦"。拉克将这一课题托付给了新人斯佩克特。他进行了艰苦卓绝的实验，培养了大量癌细胞，集中破碎处理，并使用各类装置分离出各成分。他就这样提取出了代谢酶A，在试管中分析其作用。斯佩克特废寝忘食地投身于提取作业。你猜怎么着？还真让初学者撞上了大运。他发现癌细胞的代谢酶A无端浪费了大量能量。这完全符合拉克的假说。

接着，拉克又提出了新的猜想，癌细胞的酶A之所以会徒劳空转，是因为有"谁"施展了小伎俩，这个"谁"正是癌细胞中的另一个酶——酶B。斯佩克特再度住进了实验室，昼夜兼程地进行实验。这回，他成功提取出了酶B，又经研究发现，酶B的活性大幅提高——正如师徒两人所料。那么，为什么酶B会发生超出必要的活性化呢？这是酶C起到的作用。酶

C给酶B带来了微小影响，而这改变了酶B的性质。斯佩克特三度凭借超乎常人的工作热情，在极短时间内提取出了酶C，证明的确是酶C给予酶B刺激，进而使其活化。一切都和预想的一模一样。

至此，一直装作若无其事的研究室前辈们都惊讶得瞠目结舌。"斯佩克特拥有上帝之手。""他或许是个天才。"这样的赞誉不仅在康奈尔大学内部，更在整个学术界都传开了。科学界冉冉升起了一颗超级新星。然而，如潮的赞美也没有让斯佩克特停下脚步。他又探明了酶C活化的背后还隐藏着酶D，不仅如此，操控酶D的则是酶E。就这样，细胞癌变背后的一连串反应浮出了水面。E使D发生异常，依此类推，E—D—C—B—A，宛如小小的水流逐渐汇成了瀑布（cascade）[5]，激起巨大的长浪，又像是多米诺骨牌接连倒下，最终使细胞癌变。这种解释癌变的全新假说被称为"癌症的级联理论"。

人们怀着震惊和尊敬的心情，将此视为一大发现。A—B—C—D—E……仿佛天空中排列的美丽星座，璀璨闪耀。研究者不无羡慕地说："拉克与斯佩克特无疑要摘得诺贝尔奖的桂冠了。"

可事态突然急转直下。斯佩克特谜一样地失踪了。经过调查得知，他提供的所有实验数据都是伪造

5　cascade有"瀑布、级联"等语义，拉克与斯佩克特提出的磷酸化级联理论即为"Protein Kinase Cascade"。

的。拉克顿时跌入失意的谷底。但更令人意外的是后来发生的事：级联理论本身被证明是正确的。但它与斯佩克特"发现"的级联反应完全不同。换言之，他太急于证明自己的理论了，同时，人们相信了这份狂热。我们终究只能看到自己所期望的东西。如同我们依稀望见的星座，本来也就只是将随机洒落的星星连起来的"误看"罢了。

通往超级难题
之路

世上不乏像费马大定理和庞加莱猜想这样的超级难题，长年来让无数数学家铩羽而归，最终仍是被人成功证明。英国的安德鲁·怀尔斯（Andrew Wiles）证明了前者，俄罗斯的格里戈里·佩雷尔曼（Grigori Perelman）解决了后者。《费马的最终定理》（新潮文库，2006）与《完美证明》（文艺春秋，2009）详细记叙了这些孤独天才破解难题的轨迹，华丽，却也令人痛心。两本科学非虚构写作都是无比精彩的评传，即使对数学一窍不通，也可以像追剧一样享受其中（我也对书中的数学证明一无所知，汗颜）。

生物学的世界也存在类似的世纪难题，那就是末端复制问题。DNA是两条交互缠绕的长链，也就是所谓的双螺旋结构。细胞分裂之前，需要先复制DNA。首先，双链解除缠绕，各自独立，然后单链以自身为模板合成新的互补单链，最终，DNA双链变成了两组DNA双链。这就是DNA的自我复制。它们接下来会被分配给新的细胞，进行细胞分裂。

这时就出现了一个令人非常头疼的问题。很早以前，生物学家就在理论层面预想：新的DNA链像串珠子一样，从链端开始合成。实际上，这时的DNA链并不是完全复制自身。最初开始系珠子（DNA的基本组成单位）的时候，必须用上"脚手架"。随着珠子连成了串，失去用处的脚手架也被丢弃了。结果，新合成DNA链的末尾就短了一截，也就是被丢掉的脚手架那一截。

脚手架与整个DNA相比，只是一段微不足道的遗传信息碎片，但是随着细胞不断分裂，DNA会无数次复制，而每次复制时，DNA末端都将缩短一个脚手架的长度。如果这一过程往复进行，DNA携带的遗传信息最终不就会完全丢失吗？这就是末端复制问题。

20世纪80年代末，我以前在波士顿的哈佛大学医学院，在一间没有窗户的实验室里，每天像一条破抹布一样被使唤来使唤去的，而另一个实验室的杰克·绍斯塔克（Jack Szostak）已经是知名人物了。感觉是一个更书生气的凯文·科斯特纳（这么形容，大家能理解吗？）。当时同学们都说，要论谁头脑最聪明，那一定是他。

我听来的故事版本是这样的。绍斯塔克出席了戈登研讨会（Gordon Research Conferences）。这一学术会议有点像学者们的夏季联谊，他们带着各自的最新研究成果而来，卖力宣传自己，打探竞争对手的虚实，交换情报，在夜宴上推杯换盏、谈笑风生。绍斯塔克在那里听到了关于末端复制问题的有趣故事，这种完全偶然的相遇正是戈登研讨会的乐趣所在。他听了来自加利福尼亚大学旧金山分校的科学家伊丽莎白·布莱克本（Elizabeth Blackburn）发表的演讲。如果细胞中存在一个DNA分子，则其链两头各有一个末端。但这对研究而言数量太少了。她需要更多的DNA末端。我们知道，人的细胞中具有46条染色体，但即便如此，也只能提供92个DNA末端。还是不够。最终她找到了一种有着优美名字的微生物——四膜虫（Tetrahymena）。四膜虫细胞中的DNA会分裂成数千份保存。获取足够数量的末端后，她开始了自己的研究。

实至名归的
诺贝尔奖

为了解决生物学中的超级难题——DNA的末端复制问题，科学家伊丽莎白·布莱克本开始了孤独的战斗。生物学研究的关键点在于找到合适的模式生物（model organism）。令我不禁脱帽致敬的，正是她选取四膜虫作为实验对象这一点。这个名字怪怪的微生物的DNA会分裂成数千份。换言之，我们可以从中得到"数千×2"数量的DNA末端序列，它被命名为"端粒"。有这么大数量的样本，采集和分析也就变得容易了。

令人震惊的是，DNA末端是一段无意义的重复序列。如果把遗传编码比作字母，端粒大概就是这种感觉：AABBBB—AABBBB—AABBBB……当DNA复制的时候，不可避免地会一点点缩减末端。因此，为了不至于丢失重要的遗传信息，DNA在末端加上了这样一段不承载信息的保护性序列。这就是所谓的端粒。

再次令我脱帽的是，她在下一阶段选择了其他模式生物。"如果用酵母菌会如何呢？"杰克·绍斯塔克在学者夏季联谊上偶遇布莱克本，提出了这样的建议。

如果将四膜虫的端粒整合进人工DNA的两端，再将DNA放入酵母菌（酵母是最适合进行遗传子操作的模式生物），而酵母将其认定为自己的DNA加以复制。相较之下，没有添加端粒的人工DNA立刻被识别出来，当成冒牌货分解掉了。之后，他们提取出在酵母中复制了无数代的DNA，结果发现端粒并没有变短。很显然，四膜虫的端粒得到了补充。但不可思议的事情发生了。在AABBBB—AABBBB—AABBBB的四膜虫端粒的后面，连接上了酵母的端粒序列ABBB—ABBB—ABBB……

"原来如此！"布莱克本和绍斯塔克发现了。任何生物都拥有端粒，只是构成序列有少许差异。每当DNA复制的时候，端粒都会在缩减后再度补充。这一过程中一定有某种酶在起作用。布莱克本和她的学生卡罗尔·格雷德（Carol Greider）再一次将目光投向了四膜虫。既然有那么多末端，相应也应该存在大量的酶。就这样，她们开始着手研究这种专事修复端粒的酶——端粒酶。不断有优秀的学者加入这场竞争，但最后仍是她们摘得了桂冠。在此，请允许我三度脱帽致敬。

人类身体的普通细胞中不存在端粒酶，所以没办法修复端粒。在经过一定次数的分裂后，DNA损失过多，就无法继续增殖了。这就是细胞的老化。另一方面，癌细胞中的端粒酶能够被活性化，可以持续修复端粒，从而使癌细胞无限增殖。人类衰老的秘密从此公之于世。

我以为端粒研究是生物学研究的高地，堪称超级难题。为了解决它，必须选择合适的实验对象，朝着目标奋不顾身地工作，才能逐渐推开那扇门。这段故事向当今一味追求短期见效的成果与结论的科学界展示了何为真正的学术。从她们投身这项研究以后过去了三十年。一步一个脚印的研究历程，终于取得了实实在在的成绩。这就如同登上石砌大教堂的塔尖。她们付出的时间与辛苦，最终换来了诺贝尔奖的青睐。这种画风完全不同于被人诟病"颁给他还为时尚早吧！""政治因素影响明显""明明没有任何成绩……"的诺贝尔和平奖。我衷心祝贺2009年诺贝尔生理学或医学奖的三位得主——伊丽莎白·布莱克本、卡罗尔·格雷德与杰克·绍斯塔克。

GP2之谜

"经常在放弃寻觅的时候,才能够找得到。"

这是井上阳水的名曲里的一句歌词,科学的世界有时也是如此。比如,苦苦追寻水母发光物质的下村修博士,因为始终捉摸不透发光原理而头疼。他想在实验中控制发光,便用水母的提取液进行了各种尝试。某天实验结束后,他把提取液倒进水槽流走。当他关上实验室的灯,准备回家的时候,水槽中发出了微微的、青白色的光。循着这条线索,下村修最终发现了生物发光不可或缺的物质——钙离子,尽管不是什么不得了的大发现。

我本人的研究也出了点意外。从昆虫少年的世界毕业后,我成了"基因猎人",经过不懈的埋头研究,我在20世纪90年代初发现了一段新的遗传编码。当然了,这回捕到的不是昆虫,而是被赋予"GP2"这个冷冰冰的名字的基因。这是一种糖蛋白(glycoprotein)的设计图(GP即为英文首字母)。

GP2不只存在于人类体内,小狗和老鼠体内也有。不同生物具有的GP2在结构上都非常相似。通常认为,在生物进化过程中,糖蛋白能够保持稳定的结构,所以对生命的维持起到了重要作用。毕竟一旦结构发生变化,能起的作用就跟着变了。

我们迫切想要知道,GP2在细胞中究竟起到什么作用。不过，绞尽脑汁也还是没弄明白。GP2大量存在于胰腺之中，消化道内也有发现，但我们无法确定它的功能。

这时候，一项突破性的研究技术出现了。那就是从染色体组上将GP2基因剪切，再将剩余部分重新连接起来。我们用小鼠的受精卵进行操作，等小鼠出生后，它全身的细胞中都不存在GP2基因的遗传信息，因此，也就无法合成GP2蛋白质。于是我们就得到了被基因敲除（knockout）的小鼠。既然重要的GP2蛋白质不复存在，小鼠应该会出现某种异常才对。糖尿病？营养失调？异常行为？这就会成为探索GP2功能的线索。

我们为此花了巨额的研究经费和时间。我每天都紧张得咽唾沫，观察小鼠健健康康地出生、成长。但是，什么变化都没有发生。小鼠健康得不得了。即使进行精密的生化检查与显微镜观察，还是没有发现任何异常。

我的心情简直跌入谷底。哪怕基因缺失了一部分，小鼠依然活得好好的。即使感到灰心，这也让我重新思考生命的存在方式。

如果在受精卵阶段遗失了某段基因，生命也会巧妙地弥补漏洞，使其他的分子与结构发挥作用，以图保持平衡。所以小鼠才会表现得若无其事。与其说生命是精密的时钟，不如说它是更加柔软可变的东西。

换言之，生命保持着一种"动态平衡"。

此刻，我眼前的小鼠没有呈现出任何异常，这并不能说明实验失败了，反而最雄辩地告诉了我们"何为生命"。想到这里，我不由得感慨，科学家终究也要在大自然的精妙前甘拜下风。上述故事在拙著《生物与非生物之间》（讲谈社现代新书，2007）中也有写到。

后来，消除了GP2基因的小鼠不断繁衍子孙后代。GP2的缺失也世世代代没有改变，但小鼠们依然活得健健康康。我也准备半途而废，不再费精力寻找异状了。但就在即将放弃寻觅的时候，出现了意外收获。我们终于得以揭开GP2功能的神秘面纱。

世界独一份儿
的研究

最近，理化学研究所的大野博司团队在消化道的派氏淋巴结（Peyer's patches）中发现了GP2蛋白质（说明GP2基因表达的"开关"是打开状态）。派氏淋巴结，这名字听起来怪怪的，其实得名于17世纪的解剖学家派亚先生（Johann Conrad Peyer），是他在消化道中发现了这一特殊构造。派氏淋巴结就如同消化道的哨塔。于是，我们与大野团队展开了共同研究。

实际上，消化道就像一根长长的竹轮，两端的孔洞与外界相通，所以每一天都要接纳袭来的病原体。于是，能够识别、对抗外敌的免疫系统就变得不可或缺了。内与外的关系在这里显得尤为重要，因为病原体附着于消化道的表面（竹轮孔的那一侧），而免疫系统存在于消化道的内侧（竹轮的本体部分），所以消化道需要在表面监视病原体，而承担监视任务的正是派氏淋巴结。

实际上，真正负责监视的是GP2，它像天线一样伸出派氏淋巴结的表面。一旦有病原体接近，就会被它捕获。随后，GP2蛋白会与病原体结合，回到派氏淋巴结内部，将病原体移交给在这里待机的免疫细胞。由此，免疫细胞负责准备抗体，将捕食病原体的淋巴细胞集合起来，一直保持警戒态势。

被剪切掉GP2基因的小鼠体内不存在GP2蛋白，所以这一防御系统无法起到效用。我们发现，向小鼠的消化道投放各类病原体，正常小鼠的免疫系统能够工作，而基因敲除小鼠的免疫系统却不会予以回应。

如此重要的事情为什么直到现在才搞清楚呢？因为基因敲除小鼠长期被饲养在绿色环境里，无论是实验室内的环境，还是投喂的饲料，都保持着接近无菌的状态。在这样安逸的绿色环境中，不会有凶恶的病原体来袭，所以即使没有GP2蛋白也无伤大雅。因此，基因敲除小鼠乍一看也非常健康。但是当环境发生剧烈变化（比如病原体来袭），此前始终运行良好的动态平衡就暴露出了它的脆弱性。

如果好好利用这种有GP2介入的病原体防御机

制，那么用口服方式将特殊信息传递给免疫细胞的设想就有可能成为现实。这就是口服疫苗。一般情况下，疫苗是通过注射将病原体的信息提前告知免疫系统的。如果采取口服的方式，就会非常便利。口服疫苗有可能作为预防接种的优化方案，为公共卫生事业做出巨大贡献。

这是消化道中"哨塔"的全球首次发现。谁也没有想到，一度要被放弃的GP2还具备这样的隐藏功能。这一发现发表于科学杂志《自然》（2009年11月12日刊）。这对我，对那些被悉心养育的小鼠来说，都是一件开心的事。

Chapter
02
博士是
怎样
炼成的

海怪

时隔许久，我去多摩川钓了回鱼。说是这么说，但也只是随性玩玩。我选择了尽量不伤害到鱼儿的小小的无刺钩，鱼饵用了红虫。我到商店街里那家狭窄的渔具店，置办妥了活饵。伫立桥畔，我用短竿先试试水。不久，黄色浮漂就一扽一扽地往水里沉。上钩了。日落为止的短暂时间内，我就钓上了一条溪哥仔、一条麦穗鱼、一条尖头鳜，虽然个头儿一条赛一条小。

近年来，多摩川的水变清澈了，鱼影也随之多了起来。沿着堤岸散步的时候，我总能看到成群的鲤鱼在浅滩中悠闲游弋。据说，最近还有人钓上了骨舌鱼和短吻鳄（一种鼻子长长、形如鳄鱼的巨大鱼类），从前在日本并未发现过这些鱼类。钓上来一条鳄鱼，恐怕要把人吓得两腿瘫软，毕竟完全没法当宠物养嘛。这么说起来，许多年前，多摩川下游的丸子桥附近还出现过一只名叫"球球"的海豹宝宝。

我小时候特别爱读一部绘本《海怪奥利》。故事发生在美国，在波士顿近郊的海岸上，海豹妈妈和海豹宝宝正在懒洋洋地睡午觉。可是，在妈妈出去捕鱼的间隙，路过的人类把海豹宝宝抓走了。它被装上火车，卖给了芝加哥的一家水族馆。人们给海豹宝宝起了个名字——奥利。温柔的饲养员非常用心地照顾着奥利，但是远离了妈妈和故乡，奥利还是一天天变得虚弱了。

心生同情的饲养员在某天夜里偷偷把奥利从水族馆放生，让它逃入密歇根湖。第二日起，不断有目击者声称在湖畔看到了神秘生物。消息一下子就传遍了街头巷尾，逐渐传成了沸沸扬扬的海怪事件。报纸连日登载相关新闻，版面画满了各种对海怪形象的猜测，有的像巨大的恐龙和鲨鱼，有的是青蛙似的怪物。只有饲养员知道，海怪的真面目就是奥利。饲养员驾驶小艇来到湖心，呼唤着奥利的名字，让它赶紧离开这里，朝大海进发。

奥利踏上了返乡之旅，从密歇根湖到休伦湖，从休伦湖到伊利湖，从伊利湖到安大略湖，再从那里进入奔流不息的圣劳伦斯河，最终来到一片海湾。它终于来到了大西洋，回到了令它怀恋的海岸，与母亲重逢。

多么美好的故事呀。小学低年级的我在这本书中神游，对美国的地理如数家珍。我印象最深刻的画面是，清晨，芝加哥的饲养员刚沏好咖啡，却因为看到奥利的新闻而心神不宁，把咬了一口的甜甜圈揣进口袋，便急匆匆上街了。在餐馆里吃早餐，左手咖啡，右手甜甜圈，我对这幅光景别提有多羡慕了。那是在东京还没有麦当劳和唐恩都乐甜甜圈店的时代。

如今，我回过头来查了查，《海怪奥利》原著初版于1947年，岩波书店的日文版出版于1954年，作者是玛丽·霍尔·埃茨（Marie Hall Ets），译者是石井桃子。或许当时在密歇根湖畔也发生过和海豹球球类似的骚动。木版画般的独特笔触挥毫而成的绘画，以及每幅画下附带的豆腐块文章，共同编织出了这个故事。孩提时代的我一心扎进了奥利的世界。这是关于喜欢动物的我的一段小小回忆插曲。

长大后，我有机会去美国生活，才惊讶地发现纸杯装的可乐一点儿也不香，味道也不够浓厚，甜甜圈甜得吓人，甜得单调，甜得让人害怕。餐馆的女招待令人绝望的冷漠彻底让我幻灭了。

不过那时候，我也访问了芝加哥。目的地正是芝加哥水族馆。

蛇鳄龟的忧郁

就和我钟爱的绘本《海怪奥利》中描写的一模一样，密歇根湖畔矗立着一座宏伟的水族馆。可怜的海豹宝宝奥利在波士顿与妈妈分离，之后被千里迢迢运送到了这里。

我大踏步走进水族馆，四处游逛，但哪里都找不到奥利的影子。我试着用蹩脚的英语向工作人员描述，但对方完全不知道奥利精彩纷呈的冒险故事。接待我的女士摊开双手，歪着脑袋，满脸困惑。原因大概不只是我的英语太烂。

那部红色绘本的封面上，奥利怯生生地从水面探出脑袋，目不转睛地盯着读者。我把最后的渺茫希望寄托在水族馆礼品店的图书角——还是一无所获。"心地善良的饲养员担心奥利的状况，于是在某天晚上，将它从水族馆毗邻密歇根湖的岸边放生。"还记得这件事的只有漂洋过海从日本赶来的我，半个世纪前的绘本已经完全在人们的记忆中消失。

垂头丧气的我在昏暗的水族馆漫无目的地瞎逛，不知不觉间，来到了一间宽阔的展览室。抬头一看，眼前的一个水槽被一只巨大的茶色奇怪生物占据着。它当然不是海豹，而是一只长达一米的蛇鳄龟（Chelydra serpentina）。这只巨龟拥有波浪形的坚固背甲，全副武装，三角形的面部看着就凶暴骇人。

然而，它一动不动。圆圆的眼睛上布满模糊的灰色，犹如镶嵌上去两颗脏兮兮的玻璃珠，充满了无机质感，甚至辨别不出来它是否在看。钩状的龟嘴微微张开，但没有气泡出现在水中。四只脚也非常舒缓地垂着，上面长满坚硬铠甲般的鳞片。

我费力地阅读着解说牌上的英文，要点可以概述如下：这种龟在进食以外的时间完全不运动。只是每过一个小时，它就要浮出水面呼吸空气。一小时一回。一动不动的巨大龟类动起来究竟是什么样子呢？还真想看看那个瞬间。我瞅了一眼手表。这家伙上一回浮出水面是多久前的事呢？如果走运，等待片刻就能看到一小时一场的表演了。

我耐心等待，龟纹丝不动。我就这么在水槽前干站了三十分钟。龟完全没有要动起来的迹象。几个游客看到这只龟，惊呼了一声"鳄鱼"，然后用语速飞快的英语哇啦哇啦说了些什么，然后瞥了我一眼，就走开了。我仍一动不动，龟也一动不动。只有广播声在室内流动。再有十五分钟就要闭馆了。你这家伙不会已经死掉了吧？或者一小时一回是谎话？我又看了一遍说明。写得清清楚楚没错呀。闭馆时间越来越近。我打算放弃了。这间展览室也已经只剩下我自己。

就在这时，龟缓缓地左右摇晃巨大的身体，"咻"的一下浮上水面。当它那举重若轻的动作映入我眼帘的瞬间，龟的三角形鼻子的尖端微微伸出水面，猛地开始吸气。

嗞嗞嗞嗞嗞嗞嗞嗞嗞——声音穿过厚重的玻璃，清晰可闻，在空荡荡的房间里回荡。下一个瞬间，如同一块落入水中的巨石，龟左右摇摆着，徐徐沉入水底，无声无息，然后横卧下来，不再动弹。

归途中，我忽地想起，那只蛇鳄龟是从何时起生活在水族馆的呢？或许，它会知道奥利的故事。

追忆
《好饿的毛毛虫》

少年时代的暑假,还是个昆虫少年的我经常会养育蝴蝶。大自然在蝴蝶的翅膀上妙笔生花,我为这种惊人的美丽而倾倒。柑橘凤蝶(Papilio xuthus)的花纹是在轻快的奶油底色上铺上黑色横条,兼具纤细与大胆,世间的寻常设计师远不能及。金凤蝶(Papilio machaon)通体布满红蓝二色斑点,散发着蓝宝石与红宝石似的光彩。青凤蝶(Graphium sarpedon)则以优雅的黑色为基调,绿色纵纹犹如排列有序的一颗颗祖母绿。

养过蝴蝶的人都知道它们的食欲有多么旺盛。艾瑞·卡尔(Eric Carle)在绘本《好饿的毛毛虫》里也是这么画的,这本书很受孩子们的欢迎。毛毛虫气势惊人地吃呀吃。不过我猜卡尔先生并不是昆虫少年。你看,绘本中的毛毛虫吃完水果和点心后,见到什么吃什么。然而,真正的昆虫可是非常挑食的,柑橘凤蝶只吃柑橘叶和花椒叶,金凤蝶只吃欧芹叶,青凤蝶则非樟树叶不吃。

少年时的我在家里阳台摆满了盆盆钵钵,栽种供凤蝶食用的植物。但是,当我把采集来的凤蝶卵移至盆钵里,线头大小的幼虫孵化出来之后,首先会吃掉卵壳,然后开始吃叶子,植物几乎一眨眼就被吃得光秃秃了。因此，确保幼虫的食物成了让我头痛不已的大问题。在夏天到来之前，还是小学生的我每天放学后经常改变回家路线，在路上观察家家户户的庭院以及栽培的绿植。如果看到了鲜嫩水灵的樟树叶，我简直高兴得能蹦起来，然后，悄摸摸地摘走一点儿叶子，兴冲冲地跑回家，喂给饿肚子的幼虫们。毛毛虫蜕过几次皮，苗壮成长，变得圆滚滚、胖乎乎的，令人悲伤的是，叶子总是一瞬间就被吃光了。

有一天，我在街上伸手去摸别人庭院里的绿植枝叶，却被这户人家的阿姨抓了个现行。"你干什么呢！""对不起……"我心脏狂跳，一溜烟逃回了家，可是，两手空空回来可如何是好呀。家里还有好几口虫嗷嗷待哺呢。我做了半天思想准备，决定把事情告诉母亲，然后，我们一起去拜访那户人家，说明缘由，拜托他们施舍一些叶子。我现在还记得进那家玄关的场景。从第二天起，我便每天光明正大地去人家里薅叶子。

在养蝴蝶这件事上，最让人期待的就是化蛹成蝶的瞬间。随着羽化日期的临近，蛹逐渐变得透明可见。透过薄薄的外壳，已经可以看见翅膀的花纹和颜色。羽化的过程只有短短十五分钟。为了不错过，我熬更守夜地守在蝶蛹旁。在那一瞬间，外壳无声无息地纵向割裂，浑身湿淋淋的蝴蝶一边挣扎，一边巧妙地从蛹中脱离出来。它纤细的足拼命想要抓扶住什么，却又不慌不忙地振动着翅膀和触角。不一会儿，它感到翅脉间充满了力量。蝴蝶轻盈地展开翅膀，第一次向我展示了那双美丽翅膀内侧的模样。

毛毛虫之所以饿着肚子也坚持只吃自己喜欢的食物，是为了避免围绕食物而产生的无用竞争。它们恪守本分地生活在不同的植物上。

饿肚子的毛毛虫在吃上能够如此专心致志，是因为生命太过短暂。它们必须赶在即将来临的夏天前，尽快化蝶，然后与命中伴侣相遇。昆虫的生命比一个夏天还要短暂。尽管我已经不再饲育昆虫，但在每天结束工作回家的路上，在绿植和行道树间邂逅蝴蝶的时刻，我仍会驻足停留，目光追随着蝴蝶时高时低、纷然交错的飞舞轨迹，目送它们直到消失不见。

与黄蜂的邂逅

最近总能听到看到关于蜜蜂的话题，例如，以20世纪60年代民权运动为背景的电影《蜜蜂的秘密生活》，主人公是蜜蜂的动人小说《风中的玛丽亚》(讲谈社，2009)，令人读罢心潮澎湃的环保题材非虚构作品《蜜蜂为何集体死亡》(文艺春秋，2009)。也许是因为我特别喜欢昆虫，所以才对蜜蜂话题格外关注吧。

说起来，前几天还有这么一件事。我幸运地得到了一个能与孩子们进行一场谈话的机会，和他们聊了聊在成为生物学家之前，我沉迷昆虫的故事。说起了我辛苦饲养的那些凤蝶。有一天，毛毛虫突然对向来贪吃不停的叶子失去了兴趣。那就是将要化蛹的时候。不可思议的是，不同的毛毛虫似乎对化蛹的场所有着不同的执着，有的想要在饲育箱中尽快变成蝶，也有的拼命想要爬出饲育箱。它们抓紧一瞬的可乘之机，从箱盖的一线空隙中逃了出来，爬得家里到处都是。现在回想起来，我的父母居然没有抱怨过什么。

翻看昆虫图鉴，让我着迷到做梦都会梦见的是琉璃星天牛。许多年后，我才在现实中见到它，但尽管只是印在书页上，它的颜色真的就像名字一样，散发着金属般的光彩，那深邃的青色仿佛能把一切都吸进去。那种实感——至今还残留在我的指尖——一路支撑着我成了一名生物学家。我和孩子们讲了这些宝贵的回忆。

讲座结束之后，一个充满活力的男孩举起手提问："福冈博士被黄蜂叮过吗？"

出人意料的问题。当然有了。不仅有，而且疼得要命！

那是在某年夏天，我踏上前往信州的采集昆虫之旅时发生的事。在留宿的山庄，深夜时分，想要上厕所的我在房间里坐起身。房间侧面是门，而正前方是一面木板墙。竖起耳朵听，墙对面传来了不可思议的声音。气流声？风吹过草原的声音？不，才没那么浪漫呢。声音中包含着很不规律的振动声，有些瘆人。那种振动时而变小，时而变大，而后又变小。到底是什么呢？我很好奇，用拳头咚咚敲了几下墙壁。只听到"嗡——"，声音猛然变得响亮。吓得我鸡皮疙瘩都起来了。我又敲了一下，再度"嗡嗡嗡——"墙后的高处也有，低处也有，右边也有，左边也有，只要是我敲的地方就有响声回应。那声音无比生动。墙对面有一个巨大的蜂巢，无数对翅膀在那里摩擦振动，无数的小家伙在那里聚集蠕动。我一下子就毫无便意了。

第二天清晨，我决心去确认声音的真面目。不亲眼所见，实在让人不甘心。我绕到山庄的里侧，往厕所所在的方位找，悄悄靠近。猜我看到了什么？在板墙之间，黄色与棕褐色条纹相间的超大号蜜蜂们正在忙碌地进进出出。声音的主人就是黄蜂。只要保持距离，不吓到它们，应该就不会被攻击。可我想看看出入蜂巢的洞口，就又往前靠近了一步。这就酿成了大错，属于"侵犯领空"。守卫蜂巢入口、担任警戒任务的黄蜂们紧急升空，一条直线朝我飞来。大事不妙。我迅速转过身，拼尽全力地加速，跑了起来，赶忙用双手捂住脸，免得被刺到。我还敏捷地左右晃动着身体，想避开它们的攻击，趁势逃走。但就在那一瞬间，左耳剧烈疼痛。还是被叮到了。当场倒地的我失去了意识，被救护车送到了镇上的医院。万幸只被叮到一处，没有什么大碍。就是这些对昆虫的实感，让我变成了福冈博士。

百大名山

2009年7月16日，北海道大雪山山脉的富良牛山不幸发生了遇难事故。即使在夏天，雪山也时有事故发生。我曾经登过同属大雪山山脉的旭岳。如果从旭岳出发去登富良牛山，还需要十小时以上的徒步行走。为什么有络绎不绝的登山者背负着沉重的装备朝群峰深处的那座山进发呢？"富良牛山"这个奇妙的名字是从阿伊努语音译过来的，原意为"多花之地"，这里遍布原始森林和奇崛的岩石，高山植物群犹如织锦，这里仍是一片未经人类染指的自然风貌。然而，它居高不下的人气另有他因。

因为富良牛山是日本百大名山之一。作家深田久弥在昭和三十九年（1964）创作的《日本百大名山》中，从最北边的利尻岳，到南边的屋久岛上的宫之浦岳，历数了日本最具有代表性的一百座山，并一一附上了富于抒情色彩的游记。再也没有一本关于山的读物能像《日本百大名山》一样拥有那么广泛的读者，长盛不衰，被不同时代的读者爱不释手。夸张点说，它就是关于山的《圣经》。在这本书的指引下，很多人爱上了登山，对这一百座名山充满憧憬，梦想着终有一日要踏遍书中所有的山。爱好收藏是日本人的心性，想要征服群山的心情也就不难理解了，况且一百座山作为挑战刚刚好，既不会轻轻松松达成，也不会穷尽一生难以实现。其中有诸如筑波山之类小学生郊游也会去的山，也有剑岳、穗高岳这样的险峰。其实，我以前也对百大名山向往不已。

学生时代，班上不乏"登山家"。很多人继承了京都大学探险部的光荣谱系，要知道，这里曾经涌现过大名鼎鼎的梅棹忠夫[6]、本多胜一[7]、石毛直道[8]等人。我本人不擅长运动，性格也比较内向，一直没什么朋友，鬼知道"登山家"为什么邀请我这样的家伙。好在只是去爬一座小山。但尽管如此，关于需要什么装备、徒步登山的知识、不容易累的步行方法、地图的看法、迷路时判断方向的方法，以及很多相关知识，队员们都从零开始悉心教我。我们走进京都北方绵延的山岳。恰好是红叶微染的时节，濡湿的落叶透着鲜艳的色彩，从上面踏过的足音，还有吹干了汗的习习凉风，仿佛洗涤了心灵。山里真好呀！从那以后，只要一有机会，我便会去登山。知道有百大名山的说法之后，我大约登过了其中二十座山，也曾有独自一人登山的经历，那时我会想起"孤高之人"——加藤文太郎。

山爬得多了，难免会心生自满。那是在攀登滋贺

6 　梅棹忠夫（1920—2010），生态学家、民族学家，日本文化人类学的先驱，首倡"文明的生态史观"。

7 　本多胜一（1932—　　），新闻记者、作家。与梅棹同为京大探险部创始人。

8 　石毛直道（1937—　　），文化人类学家。

县南部的"湖南阿尔卑斯山"时候的事。登山之行基本上是早晨出发，过中午不久到达终点。可是，那天我睡过头了，开始登山就迟了半拍。不过到日落前，应该还是有充裕的时间够我下山的。山中的太阳落得格外快。西方的天空还亮着，山道却迅速变得昏暗。即便距离下山的坡口很近，也完全看不清了。前后皆无人影。深山老林，我被完全笼罩在黑暗之中，连方向都无法辨别。糟透了。虽然是适合登山的季节，但种种可怕的不安情绪在我脑海中掠过。我陷入一阵慌乱。冷静，得先冷静下来。总能够找到头绪脱离险境的。我回想起很久以前"登山家"教给我的知识。山与天空的分界线还能望得见。即使周围一片漆黑，但如果定睛凝神去看，还是能看清树木的枝梢在空中的轮廓。循着树枝左右观察，果不其然发现了一条直线。"日本的很多低矮小山上都有铺设电线。沿着电线走，就一定能走出林间路。"不久，我就走到了有印象的地方。四周逐渐变得明亮起来。走到森林的尽头，往前便是寻常可见的村落。我看了眼手表，才傍晚六点钟。然而在片刻之前，我的确被困在另一种时间与空间之中。

志贺昆奇谭

在涩谷站下车,登上宫益坂,两旁的行道树是榉树,梢头伸出的细枝尤为美丽。枝丫伸展的方向,是一片澄澈无垠的晴空。宫益坂很快与宽阔的青山大道合流。每当路过这里,我有个一定会去的地方——志贺昆虫普及社,简称"志贺昆"。这里是日本最好的专业捕虫工具店。无论何时走进这家狭窄的店铺,总会有一两个顾客,专心致志地观览、寻找。看到这幅画面,我也会心头一暖。尽管我现在不再捕虫了,但还是有很多热爱昆虫的家伙在嘛。

工欲善其"兴趣",必先利其"道具"。不过道具里可有太多学问了。店如其名,志贺昆虫普及社是志贺卯助在昭和六年(1931)创立的,他毕生致力于日本昆虫采集事业的推广,勤奋自学,独力研究改良,向广大爱好者提供了实用的捕虫工具(他在文春文库PLUS出版的自传《日本第一昆虫家》中详细道出了个中辛苦)。

单就捕虫网来说,与街头杂货店卖的捕虫网大不相同,志贺式捕虫网用纤细的尼龙纱和蚕丝做网袋,不会伤到蝴蝶,而且提供了各种口径的网框、不同长度的加长网柄。

昆虫采集是一种孤僻的爱好。很多孩子会感到羞耻,不愿意让他人瞧见自己挥舞捕虫网的模样,在途中、车里总会坐立不安,然而,一旦到了采集地,珍稀的昆虫忽然出现在眼前，如果放跑了那个瞬间，或许就永远不会再遇见了。卯助先生参透了其中的奥妙。他开发出了袖珍便携式捕虫网，网框是用弹性极强的钣金做的，可以扭成"8"字形，然后折叠起来。用的时候，按一下按钮就能打开。这种志贺式便携捕虫网常年热销。摄影用的反光板也最近开始采用相同的设计，其实，这是志贺式捕虫网早就玩剩下的东西了。

志贺昆的捕虫工具都是手工制作，数量有限，相比起来，专业款式（面向成年人）的价格自然是水涨船高。因此，志贺昆虫普及社是昆虫少年们憧憬的圣地。

大约在2008年秋天，我望见志贺昆放下了卷帘门，还以为是休假，凑近一看，门上贴了一张纸，令我惊掉了下巴。纸上写着几个大字——"本店停止营业"。本应是志贺昆自家的漂亮小楼，旁边却张贴着不动产公司新楼开建计划的图纸。这么说来，志贺昆的创立者志贺卯助已经在2007年4月15日往生极乐，享年104岁。各种各样的想象在我脑海中浮现。到底发生了什么事情呢？我又仔细一看，告示下方还画有一幅小地图："新店地址位于户越银座……"

寒假的一天，我终于挤出时间，乘坐东急池上线电车出发。商店街热闹非凡。我的目的地却在远离这些商户的场所。在一条小径的尽头，那里便是新·志贺昆虫普及社。新店的大楼比青山原址更加气派，店内也更加宽敞，装修一新。我谨慎地向店员打听换地址的原因。原来是先前的大楼老化严重，也缺乏存放货物的空间。因为近来网购销量超过了线下销量，老板灵机一动，就把商店迁到了这里。店员还让我不必担心，志贺昆的营业一概照旧。哎，都是成人世界的考量啊。不过，我到的时候，新店里挤满了客人（比起昆虫少年，也许该叫昆虫中年？），抢购德国进口的大标本箱（这也是志贺昆的热销款）。回家路上，我到商店街的咖啡馆喝了一杯热腾腾的咖啡。无论志贺昆开在什么地方，昆虫爱好者都会聚集在那里。就算是很远的地方，还是会像昆虫一样嗡嗡地飞来。

少年博士的
新品种大发现

上野的国立科学博物馆对我而言是一个很特别的
地方。博物馆前列有两根庄严的立柱，入口上方写着
风格雄浑的几个大字（正门如今仍然在使用，但相邻处兴建
了新的玻璃廊入口）。高耸的天顶，冰凉的空气，一走进
博物馆，心灵就会变得平静。扑面而来的是古老事物
独有的气息。无论什么时候来，馆中都游客寥寥。我
中意这里的一个原因是，从前的国立科学博物馆大概
并不是面向儿童而建。一入门就是并列陈设的昆虫标
本。蝴蝶左右舒展翅膀，仿佛是完全对称，且没有任
何损伤，甚至连触角的角度都完全一致。甲虫的四肢
被调整安放得格外优美，与大头针的位置不差分毫。
我自己制作标本的时候，就算再怎么专心致志，也会
出现微妙的偏离和歪斜。本应垂直刺进去的针，不自
觉就会歪那么一点。如果重做，甲虫背部就会开两个
洞，这是万万不可的。心里就像扎进一根悔恨的刺，
永远都拔不出来。但是这里摆放的所有标本都是完美
无瑕的。在这份完美面前，我不禁叹了口气。

国立科学博物馆没有为讨好游客而妥协。与百货
商店经常在夏季举办的昆虫展相比，这里的陈列品中
大型锹甲和华丽凤蝶的数量很少，更多摆设的是能
够展现昆虫分布与亚种系统的朴实标本。这一点也

很好。

当时（也就是约四十年前，我还是个小学生的时候），除了昆虫、植物、恐龙和岩石等自然科学部门，不知为何，还有一层楼专门展示民族学藏品。这里还陈列着某个部落制作的干制首级（Shrunken head）这种怪异的东西。压轴展品是木乃伊。棕褐色的裸体横陈在玻璃柜中。不知为何，木乃伊身上只有局部缠卷着一小块白布。这一层与特地来看昆虫的我关系不大，但不先来这个展厅逛逛，我总是安不下心看标本。

有点不可思议的是，我从来没想过制作了那些完美标本的人是谁。然而，揭开这个秘密的一天忽然就到来了。

某一天，我在家附近捉到了一只圆滚滚的绿色小虫。我对日本栖息的主要昆虫全部了然于胸，这可是昆虫少年的基本功。然而，我从没有见过这种小虫。每一个昆虫少年的梦想都是发现新品种的虫子，然后将它记录在图鉴上。发现者享有在昆虫学名的末尾加上自己名字的权利。我的心脏狂跳不止。

接下来要去的地方只有一个！我紧紧握住装着那只昆虫的小瓶，去往国立科学博物馆。对着眼前这个跑得上气不接下气的小学生，接待处的女工作人员非常亲切："本馆有专门鉴定的人，我带你过去。"说罢，她就在前面带路，我这才知道原来博物馆里还有区别于面向公众的一般展厅的内部区域。

我被带到了一个被昆虫标本箱、展"翅"台、大头针淹没的小房间，空气中飘荡着萘的刺鼻气味。房间深处的工作桌前坐着一个人，静静地，也不出声。我穿过标本箱与标本箱之间的小道，拱肩缩背，害怕碰到什么东西，战战兢兢地把小瓶递了过去。那个人慢悠悠地拿出放大镜，开始观察瓶内，然后微微托起，端详外部。那人突然开口问我是在哪里捕捉到这只虫的。我怯生生地把捕虫过程讲了一遍，那个人边听边点头，然后告诉我，这只是随处可见的椿象的幼体。椿象会蜕皮发育，所以其幼体呈现出不太一样的颜色和形态。

　　成为新品种发现者的美梦碎了一地。但在那一天，我有了更大的发现，那就是我知道了世界上原来还有昆虫鉴定者这样的人物。

料理修行

我在当上博士之前，也就是研究生生活快要结束的时候，一时兴起报名了料理学校。因为那时候我已经决定离开日本，去美国开展研究，既然要在国外生活，为了健康着想，还是自己做饭比较好。大学四年，研究生五年，我用了将近十年时间待在同一个地方，从事着很琐碎的研究，反而在人生的很多事情上缺少经验，所以才想去过一种截然不同的生活。

我寄宿公寓不远处就是基督教女青年会（YWCA），在京都街上有一间小巧整洁的教室，我就决定去那里学料理，每周一回，上夜课。教授的菜谱依次在和食、西洋料理、中国菜之间循环。课程的基本方针是教会学生用手边常见的食材做日常的家庭料理。

学校的女讲师名叫U，是料理研究家。大约有十名学生。除了我，其他人都是女性。不可思议的是，为了新娘修行而来学习料理的年轻女性很少，全职主妇的阿姨才是多数派。

我是唯一的男性，又是个一窍不通的初学者，所以成了被使唤的角色。"啊，福冈先生，福冈先生，把豆芽洗一洗、摘一摘。"当我拼命摘完豆芽，把满满一大碗豆芽递过去的时候，做菜时有意思的地方已经错过大半了。此外，所有危险的工作、重活儿都落在了我肩上，比如，把炸东西用过的油滤出来，储藏起来，或者洗小山高的抹布。

讲课内容其实非常硬核。增味剂和料理包一律不准使用。所有的调味基本都是用食材本身。做鸡汤的话，得从买鸡骨头这一步开始（一般我们会分头买菜，事后按照明细平摊费用，我也因而熟悉了食材的价格。鸡骨头意外地很便宜），清洗干净，切掉没用的部位，焯水，让血和脂肪凝固，然后开始熬汤。放入葱和蔬菜除味，转文火慢炖，然后细致地撇去浮沫，避免把汤水炖得浑浊。这样炖出来的鸡骨汤泛着黄金色的光泽。这让吃惯了垃圾食品的我感到深深羞愧。

U老师是个非常温柔的人，但是在料理相关的事情上无比严格。在搅拌土豆沙拉的时候，我用不好长筷，只好用手指抓，被U老师瞥见了，给好生一顿斥责。我把做好的料理端给大家品尝，U老师一口都没有尝土豆沙拉。我再次感到深深羞愧。

我在这间料理教室学到了很多东西。自己下厨也轻车熟路。比如，放多少砂糖，会有多少甜味，我也能够精准把握了。于是，我也对卡路里有了真切的认知。料理最重要的诀窍在于如何统筹安排各项工作，在有限的时间内，娴熟地烹饪出几道菜肴。为此，你在开始前需要审视整个"工程"，用什么样的工序实现，而且还要考虑到餐后收拾、洗碗刷盘，来选择必要的厨具和食器。预先在头脑中想象这整个过程，是料理的关键。以鸡汤举例，最重要的第一步不是拆开包装，而是在大锅里把水煮沸。如果你手忙脚乱，东做做、西搞搞，最后才想起来"啊！还得烧水"，那就完蛋了。这与研究和实验是一样的。这一诀窍在我后来的人生中一直发挥着作用。

但话说回来，我的料理学得如何呢？去了美国之后，我和研究室的伙伴们每天吃食堂，过着被垃圾食品包围的日子。我第三次感到深深羞愧。

鸠山议员与
美丽蝴蝶

鸠山邦夫议员最近成了坊间热议的话题。他过去发表的言论"我朋友的朋友是基地组织成员"招来纷纷议论。公众都将他视为一个怪人，对此，我感到很同情。因为我从他身上看到了喜欢昆虫的人特有的对正义感的执着。

邦夫议员对昆虫的兴趣由来已久。据说，他曾经摸索出蟾福蛱蝶（Fabriciana nerippe）和大琉璃小灰蝶（Shijimiaeoides divinus）的培育方法，从虫卵阶段开始亲自培育出大量成虫，并且制作成完美的标本。这两种蝴蝶都是濒临灭绝的稀有品种。为此，他还在音羽的鸠山会馆大规模种植了特殊的食用草。看来，他口中的"朋友"一定也是个捕虫爱好者。爱虫的人为了寻找昆虫，什么地方都会去。

听说，邦夫议员从前收集蝴蝶的爱好被斥为一种恶趣味。这完全是一种偏见。这也许是因为与《惊唇劫》（Kiss the Girls）中的凶手形象不谋而合。喜欢收集蝴蝶的青年独自生活在偌大的公馆，不久陷入收集女性的狂热之中……刻板印象害死人啊。

不如说，喜欢昆虫的人大部分都是老实巴交的，习惯于克制自己，而且心地善良。我想这是因为他们懂得生命的可贵，知道即便是用手指捏死一个小生命也会令人心痛。

所谓"收集昆虫"，就是在不知道什么时候能捕捉到的情况下，仍然不断追寻，但最终还是不可能网罗到世界上所有的虫类。换言之，捕虫在某种意义上是对不可能性的挑战，也因而是求道式的苦行。

另一方面，一旦发现了昆虫，又会忘我地沉迷其中，连自己也忘记最初是在寻找什么。

为什么昆虫爱好者时而是浪漫主义者，时而是正义派，时而又是超然世外的奇人呢？

对此，有这样一种解释——一切原因都可以归到"横山图鉴"上，也就是保育社的横山光夫所著的《原色日本蝶类图鉴》。这本书是我那一代人的《圣经》，只要是昆虫少年，无不能把这本图鉴倒背如流。书中将美丽的蝴蝶依序排列，并为它们附上解说性文字。这些文章与图鉴常见的科普文风格大相径庭，是用充满诗意的独特文体写成的。有时温情流露，有时一板一眼，有时又写得高蹈超然。比如，书中是这样描述碧凤蝶（Papilio bianor）的：

越冬的蛹会在4月下旬至5月间羽化成蝶，这种春型蝶体态略小，它们飞得轻灵迅捷，喜欢流连于溪畔的杜鹃花丛。8月中旬后出现的夏型蝶要大些，它们群聚在路边吸水，往返于荫翳间的"蝶道"，在海州常山花上翻飞回舞，颇为壮观。

我不知道曾多少次梦见自己抬头仰望蝶道。这篇美文或许至今仍流淌在许多昆虫少年的意识深处。

碧凤蝶是我最喜欢的蝴蝶。这种大型蝶通体呈黑色，其上布满细碎的斑点，闪烁着翡翠般的浓绿色。如果单看一只翅膀，这些斑点仿佛是随机洒下的，但如果同时看一对翅膀，会发现，左右花纹是完全对称的。蝴蝶头部及肩部上是倾泻的绿色点彩，犹如璀璨宝石。

欣赏碧凤蝶的美，能够让心灵复归平静。这是如同堵塞的鼻子豁然通畅的爽快感。

我经常会想：世界上不存在美丽的蝴蝶，而只存在蝴蝶的美丽。这种论调听起来很像小林秀雄，但稍微有点不大一样。碧凤蝶们在看到自己的同伴时，绝不会注意到这些翠绿色的美丽斑点。恐怕它们既看不到颜色，也看不到花纹与图案，至少不会像人类这样观赏。人类与蝴蝶的视觉之间存在着巨大差异。

每一个昆虫少年都会在不知不觉间明白，蝴蝶的美始终只存在于我们人类的内部认知。所以呀，他们可是群懂得内省的家伙呢。

波士顿的
优雅假日

2009年秋，美国民主党取得了重大胜利，日本到处都在讨论新政权今后如何经营的话题，那我们反其道而行，下面来聊聊美国的民主党。

自从击败共和党的布什并夺取政权以来，民主党的奥巴马总统第一回休了个夏季假期。然而，吹毛求疵的美国媒体指责他竟然在医疗改革处于紧要关头的时期跑去度假。人家每天呕心沥血、勤于政务，稍微歇几天不也挺好的嘛。当然了，我在读到这条报道时，视线停留在那个地名——马萨葡萄园岛。奥巴马总统就是在这里度假的。该岛屿位于波士顿的大西洋沿岸，从地图上看，半岛的形状如同人弯曲的手臂，像个躺平的"L"伸向海中，这里就是鳕鱼角。马萨葡萄园岛就坐落于南方的海面上，与楠塔基特岛相邻，两座岛屿分别是三角形与新月形，像一对关系要好的兄弟。

从前，我在波士顿的哈佛大学做研究的时候经常听到两座岛的名字。导师要求我们每一天都要百分之百献身于学术研究。毕竟我们就像一群雇佣兵，这也是无可奈何之事。我们自嘲不是爱的奴隶（love slave），而是研究的奴隶（lab slave）。日本人说话分不清b和v、l和r，美国人倒是经常拿这两对辅音开玩笑。

与此同时，导师们可以随心所欲地放假，过得非常潇洒。我连周末也在实验室里埋头做实验，还要一事无成地迎来忧郁的星期一。我的导师顶着一张被日光晒黑的脸出现了。"伸一，进展如何了？我周末去楠塔基特岛上思考下一步的研究计划了。"啊，真的假的啊？当然，我只是在心里无声地嘀咕。

实际上，他经常往楠塔基特岛上跑，每次都会告诉我关于那座岛的一些事情。他似乎对那里情有独钟。楠塔基特岛从前是捕鲸基地，在梅尔维尔的《白鲸》中亦有提及。即使在今天，岛上依然弥漫着渔人小镇的气氛。韦奇伍德陶瓷公司的盘子有"楠塔基特花纹"。那是楠塔基特岛传统的捞鱼用编筐上的纹样。还有一种颜色叫"楠塔基特红"，优雅而洗练，是那座岛上独有的染色。他一边这样介绍，一边拍了拍他那砖红色短裤的屁兜。

"话说回来，伸一，你知道楠塔基特岛与相邻的马萨葡萄园岛的'分栖共存现象'吗？楠塔基特岛是共和党的岛，马萨葡萄园岛是民主党的岛。哈佛的教授们经常去那里度假，但看他们去哪个岛，就能知道他们的政治倾向。我家里是开小杂货店的，向来是共和党的支持者。不过克林顿干得真不赖。虽然在男女关系上不太检点，但能够重振经济，也是个难得的好总统了。克林顿是民主党人，度假当然是去马萨葡萄园岛。他每年都和希拉里去那里休养。岛上据说还有肯尼迪家族的别墅。到了夏天，岛上来来往往的都是电影明星与社会名流。他们是倾心自由主义立场的民主党，自然也是去马萨葡萄园岛。真是名副其实的民主党之岛。相较之下，楠塔基特岛没那么热闹，却使人心情平静。海也很美，非常适合思考和读书。"

看他说话时的神情，我敢打保票，他根本没注意到我们这些研究的奴隶压根没有时间和金钱上的余裕去什么楠塔基特岛。

据说，奥巴马总统在马萨葡萄园岛逗留期间租下一幢高级别墅，占地广阔，配备有游泳池、私人沙滩与高尔夫球场，一周的费用高达数万美金。结果，我在波士顿生活期间一次也没去过马萨葡萄园岛和楠塔基特岛。

光阴似箭假说

9月到了，让人莫名感伤。"快乐的暑假就要结束了。"也许是这种少年时代的感慨的余绪吧。这种没来由的感伤又很像忽觉时光飞逝的惊诧。奥巴马当上了总统，飞机在哈德逊河紧急迫降[9]，老师在大学厕所里被捅[10]，这些事都发生在今年1月，但话说回来，2009年已经过去了三分之二。

我想试着做一场思想实验。所谓的思想实验，顾名思义，就是在头脑中进行的实验，比如著名的伽利略思想实验。从高塔上让重的铁球与轻的铁球同时下落，哪一个会先落到地上？没有人觉得重的铁球会先落地吗？让我们先假设"物体越重下落越快"，然后试着考虑一下，如果用短棒将重球与轻球相接，再进行同样的实验，结果会如何呢？依照假设，重球下落更快，但是因为与轻球连在一起，而轻球下落较慢，会相应导致减速。等等！当重球与轻球相连，在整体上变得更重了，那么，它们势必会更快下落。这……我们能够得到的结论就是，"物体越重下落越快"这个假设是错误的、不符合逻辑的。这就是思想实验。

9　指2009年1月15日发生的全美航空1549号班机事故，飞机在爬升过程中遭遇鸟击，冒险在曼哈顿附近的哈德逊河河面迫降，机上155名乘客及机组人员均生还。

10　指2009年1月14日在日本中央大学发生的杀人事件，理工学部教授高洼统在校舍厕所中被刺杀。

物体的下落速度与质量无关，无论多重的东西都会同时着地。为了说服那些仍不接受的人，伽利略在比萨斜塔上进行了实验。

我们的思想实验不用重球和轻球，而是换成一个年轻人（十岁左右）和一个上年纪的老家伙（和我一样，五十岁左右），让他们生活在像胶囊一样与外界完全隔离的房间里。舒适的空调、床铺、浴室、卫生间，一应俱全。还要提供美味的饭菜。只是这间屋子没有窗户，因而无法知晓昼夜。也没有钟表、网络、手机、电视和报纸，总之，没有任何能够获知时间流逝的外部手段。我们要求两个人仅凭感觉，即仅仅通过自己的生物钟判断时间，等他们觉得已经度过了"一年"的时候，就可以从房间里出来了。就是这么个实验。

房间里的我有意识地去过一种规律的生活。自己画日历。感到困意就睡觉，睡饱了就自然醒，这就记作过去了一天。没有了时间限制，过得自然无忧无虑。可以每天都泡在喜欢的书里。不过，这也让我不知不觉间变得懒洋洋的。有时候睡得特别足，有时候小憩之后就醒了。总体上说，吃饭、睡觉、起床，一轮下来差不多也就是一天了……

科学家们在外面监视房间内部的情形，不由得咪咪发笑。"喏，福冈博士又打盹了。"另一方面，年轻人每天吃喝拉撒睡，样样都好，等他感到"差不多一年了吧"，径直走出了房门（这只是思想实验，不是监禁,来去自由)。这与外界实际流逝的一年几乎没有误差。科学家们称赞少年精准的生物钟:"不愧是年轻人呢。"另一边的我呢?桌上的日历还没有被涂满。没有日历和钟表的时候,我们赖以判断时间流逝的线索就只有自己的生物钟。实际上,生物钟并不像真正的时钟一样以恒定速度运转。随着年龄变化,细胞的代谢会变得迟缓,再加上细胞氧化与变性的积累,细胞更新也会变慢。不过,因为没有任何外部的辅助性手段,我本人完全没有注意到自己的生物钟已经随着年岁渐长而放缓。总会觉得没睡够,然后再补一顿回笼觉,日子就这样悄然溜走了。因此,当福冈博士觉得"终于一年了",然后走出胶囊的时候,岁月早已去如捷。说不定过去了两三年。换言之,即使我们的生物钟感觉只过去了两三个月,2009年的夏天却已结束了。

为什么上了年纪后会感觉时间越来越快了呢?以上就是我的假说。

Chapter
03
博士是
如何
教出来的

新学期的忧郁

我抑郁了。因为大学的新学期开始了。刚当上教授的时候我就体会到，新学期来临之际，教授比学生还容易抑郁。因为这虽然对学生而言是新的课程，但对教授而言基本上是在重复去年的授课内容。我还在念书的时候，教授们从来不显露出忧郁。明明仍然是讲授去年的讲义，但无论哪位教授都始终热情洋溢、口若悬河，保持着对授课的新鲜感。这确实是老师不得不掌握的职业技能。

然而，这种忧郁的本质并不是"重复说相同的话"这么无聊的事情。硬要说的话，是因为我们在日复一日中痛感"教育的不可能性"。有句谚语说得好："就算把马牵到河边，也没法儿逼马喝水。"我觉得现实的确如此。我们这些教育工作者煞有介事地讲课，可是，这些内容究竟能否传达到他们的心底？是否满足了对知识的渴望？最终又能否引发新的思考？我们几乎不能对这些实际效果抱有期待，却又必须抱有期待。

我任教的大学在数年前制定了新的课程大纲。原来面向大一、大二学生开设的"一般教养科目"被废除，取而代之的是"标准科目"。新课程的主旨是向学生传授从进大学到出社会应该掌握的知识技能，即以实用为标准。讲义内容也不再是法学、文学、生物学等"××学"这样听上去有些陈旧的传统科目，而是侧重于文理融合、跨学科式的新课程。这些课的目的不单单是传授知识，还是尽可能地开示思考的标准。

我开设了一门名为"毒与药"的课。对人而言的药，对微生物而言却是毒，这就是"生命现象"这枚硬币的正反两面。这样既是药又是毒的物质在我们身边俯拾皆是，有时，我们心怀感激地服药，有时，我们不经意地在食物和饮料里撒毒，而且它的存在只写在商品背面贴着的标签的犄角旮旯。但我并不是想告诉读者，"千万买不得呀。"只是想说，真相经常只能用很小的声音说，因此，必须竖起耳朵才能听到。为了听到真相，还必须有一颗懂得质疑的心……

最近，学生们都有来认真听课，热心记笔记，但我不知道学生对我讲授的内容理解了多少，也不知道自己是否唤起了孩子们的学习意识。因为在近来的授课中，学生们通常都没什么反应。

初中还是高中来着，有一位甚至不记得长相和名字的数学老师，教过我这样的事情。"所谓的关数，虽然教科书上写的是'关数'，但实际上要写成'函数'。可以把它想象成一个函盒，这头放进去一个数字，那头就会蹦出来另一个数字。这样的装置就叫函数。"原来如此！从那以后，无论是三角关数还是指数关数，只要出现关数二字，我都会看成"函数"。

很久以前，我的老师说过这样的话，"如果学生能在某句话中得到启发，那就足够了。这句话会一直留在他的心底。"但这说到底是教师的一面之词，也许本身就是一种强加于人。

始于怀疑精神!

对学习而言,保持怀疑精神是最重要的出发点。但实际上,怀疑并不是轻易就能做到的事情。因为人类是一种生来就易于轻信的物种,而在现代,又经常出现诱人误信的情况。

下面这个故事便是一个很好的例子。

在某档现场直播的电视节目中,一个神秘兮兮的"灵能者"来到演播室,向观众发出呼吁:"我能够感受到你我之间的宇宙能量的波动。请看你现在佩戴的手表。接下来,我将要从演播室发送念力。念力的波动将乘着电波到达你所在的地方,然后,你手表的指针就会停止。观众中有谁看到了指针停止转动,请直接拨打屏幕上的电话号码,告诉我们情况如何。各位都准备好了吗? 三、二、一。念力放射开始! "

怎么样呢? 在一瞬间的沉默过后,演播室预先准备好的电话开始响个不停。灵能者拿起了听筒。电视上开始直播其与观众的连线谈话。电话那头传来惊讶的喊叫:"难以置信! 刚才手表真的停了! "说得正起劲,第二通电话响了,然后是第三通,演播室里举座哗然……

实际上,科学思想家理查德·道金斯在《解析彩虹》中写过发生在英国的同类事件。道金斯作为"自私的基因"的提倡者而闻名于世,我并不赞同这一假说，不过这是另一码事了。道金斯坚决反对伪科学的态度让人倍感信任，他有一股常人没有的较真劲儿，来和各种伪科学做斗争。

道金斯断然指出，灵能者的表演不是什么超能力，也不是奇迹，只是一场彻头彻尾的骗术。无论是电池供能的电子手表，还是自动机械表或者手动机械表，平均一年停走一次。灵能力者发布号令之后的五分钟内，约有十万分之一的概率会有一块手表停止转动。这是因为一年可以分成大约十万个五分钟。

这一概率本身非常低。然而，一部收视率极高的节目往往有数百万家庭同时观看，也就是约一千万人，一千万人的十万分之一是一百人。只要总体基数足够大，灵能者说话间就会有一百块表"偶然"停下。这些人都来汇报，演播室的电话自然响个不停。

我们从那些不像是偶然发生的事件的连锁中发现特殊的因果关系。这是人类在漫长的进化过程中培养出来的归纳能力。这种从复杂的自然现象中寻找法则的能力，能够帮助人类提前察觉危险、预测未来。然而，在这些"不像是偶然发生"的事件上，人类向来是依据自己极其狭窄的生活圈中的经验来归纳未知事象，因而行之有效。

但如今，我们的直觉并未发生变化，而我们的生活圈与经验在网络及媒体的作用下逐渐虚拟化，并且扩大到全球规模的程度。这是无比巨大的总体基数。

"不像是偶然发生"的事件要多少有多少。换言之，我们引以为傲的归纳能力反而会碍手碍脚。

因此，怀疑精神就成了更重要的工具。

传达

秋日，天气陡寒，我穿上了大衣。众所周知，我任教的学校是日本最时髦的大学之一，不夸张地说，在上课、放学的高峰时间段里眺望校园，到处都是蛯原友里[11]风格打扮的女孩。只要观察学生的衣裳，就能知道季节的变换与当下的流行风潮了。有一天，所有人突然齐刷刷换上了红色系服饰，仿佛校内的树一夜间都变作了红枫。我不禁自言自语："啊，看来今年秋天流行的是这种风格。"

他们看起来都已经是成年人，但不久前还是高中生。时尚会以什么样的方式教给他们什么东西呢？这是个永恒的难题。我一直希望自己的课尽量不照本宣科。比如，在解释什么是基因的时候，"基因的本体是脱氧核糖核酸（DNA），基本单位是四种核苷酸，其构造是……"如此这般，像个老学究一样絮絮叨叨也不是不行，但恐怕学生们的注意力和紧张感不用几分钟就飞到九霄云外了。况且这些都只是事实的罗列，如果想要了解，教科书上都写着呢。

应该向学生讲授的东西、需要特地来到教室当面传达的东西，不应是这些知识点，而是那些我们在获知之后由衷喜悦的东西、学习之后深感有趣的东西。

11　蛯原友里（1979—　），日本时装模特。

除此之外的任何东西，都只有"说教"的价值而已。是谁想到了基因这个概念？如何判断出基因=DNA？围绕着这一判断引发了哪些争论？是谁设计出了解读DNA携带信息的方法？当阐明真理却遭到迎头否定之际，学者会如何应对？距离成功一步之遥却被竞争对手捷足先登，他会作何感想？只有对前人所耗费的时间、所走过的每一步历程，产生某种程度的实感、共鸣和认同的时候，学生们才会对教科书感兴趣吧。

我刚念大学那年的秋天，英语课的教材是一本薄薄的小册子。外语课程都是小班教学，由校方自动分班，每个班使用的教材由任课老师指定。

小册子里只有零零散散的短诗，附有漫画似的插图。其他班级则拿文学作品和批评文章当作课文。这让原本燃起学习斗志的我一下子泄了气，自感抽到了下下签，满心难过。我才不要这种浑水摸鱼课，我想学地道的英文啊！更荒唐的是，第一天上课，老师带着一台盒式磁带录音机走进教室，按下开关，随着莫名其妙的音乐开始诗朗诵。我们怔怔地听他念诗。老师时不时还要暂停播放磁带，附上几句无关痛痒的解释或者感想："这里是一种不常见的措辞哦。""这个发音很难听清吧？"什么呀，怎么还会有这么偷懒的授课啊。下课后，老师离开了教室，我们开始交头接耳抱怨起来。

那时候，我们满脑子只有应试英语，全然没有注意到。不久后，不可思议的事情发生了。矮胖墩儿（Humpty Dumpty）、三只瞎老鼠、跳过月亮的母牛之歌，在我的脑海中挥之不去。

之后，度过了漫长的岁月，我接触到各种各样的英文，在美国生活，甚至还翻译过书籍。我在很多场合再次邂逅了那些诗歌的片段，意识到这是在引用《鹅妈妈童谣集》，不免感到一丝得意。是呀，那位老师想要传达给我们的，正是他自己获知之后由衷喜悦的东西、学习之后深感有趣的东西。

从前辈到后辈

"世上存在一种温暖的力量，守望我们的生命之流，不断从背后推着我们前进。我想要问大家：这种力量究竟是什么呢？"

从前，我参加过NHK的"欢迎！前辈"节目企划，时隔数十年回访毕业的小学，有机会给孩子们上一堂课。六年级三班，正是我曾经所在的班级。在那里，我冒冒失失地给小学生们讲起了我的生命动态平衡理论。所谓生命，就是无限循环的流。无论怎么说，这就是我最想要传达的内容。在授课之前，我给他们布置了一个作业，将一个星期里吃的、喝的所有东西用表格记录下来。这不仅仅是菜单，关键是还要测算这些食物和饮品的重量。当然了，很多东西不好精密测重，大约估量一下就好（比如两手盛满的分量是100克，单手盛的分量是50克）。万事俱备，接下来就是一小时的授课时间了。请同学们计算出这一个星期以来吃掉的所有东西的总重量。但我没想到，小学生也这么能吃，算下来，每日饮食合计2千克，一周饮食14～15千克。

"那么，一周前和现在相比，大家的体重增加了多少呢？"虽然正值长身体的时期，但短短一周，体重大致不会有什么变化。身体的摄入和消耗应该持平才对。那么，吃掉的15千克食物消失去了哪里呢？

大家首先不约而同想到了那个答案。不过，这个年龄段的孩子不好意思张口说。于是，我拿出了准备好的彩色黏土、秤，还有水，来模拟我们的"遗失物"的重量。我们推定出大小便的排泄量，然后从15千克中减掉。即使如此，剩余仍有一半的重量。大家不妨深呼吸，好好想想这些重量跑到哪里去了。

　　"我知道了！是呼吸。"有几个孩子终于注意到了。于是，我们转移到理科教室，开始做测算自己呼出的二氧化碳量的实验。

　　呼吸中包含的CO_2约为空气中CO_2含量的100倍。实际上，人类在一周内排出的碳元素重量能达到5~6千克。这就相当于食物燃烧后的余烬。再加上汗液与呼吸中的水蒸气等人体排出的水分，全部加在一起，终于和摄入的15千克持平了。不过，真正的课程从现在才开始。请发挥想象力，追踪自己所呼出CO_2的行踪吧。CO_2出了教室，被校园中的草木吸收，长出了叶子和果实。它们被虫子吃掉。虫子被鸟吃掉。鸟飞过大海的途中排泄粪便，被海中微小的浮游生物分食。浮游生物是鱼儿的食物。小鱼被金枪鱼吞入腹中。这条金枪鱼又成了你最爱吃的刺身，回到了你的身体，稍作停留后又排出体外。

　　通过进食这一行为，分子在环境中循环，我们呼出的CO_2在自然界兜兜转转，再次回到我们体内。生命就是这样的流动。为了不让这种流动停止，我们需要吃东西。同学们，想象一下这个故事吧，自己的呼吸最终回到了自己爱吃的食物。授课的最终地点是体育馆。

试着把自己故事中的元素与朋友故事的要素相互联系起来吧。比如，我的麻雀吃掉了你故事里的蚯蚓，好景不长，麻雀又被那边来的猫捉到了。就这样，故事与故事相连，范围扩展得更大了。食物链同样是一种生态平衡。

这里就回到了我写在文章开头的提问。活泼的孩子把手举得很高："我知道，是家人！"这个意外回答非常有小学生风格。"真是个好答案。其他人还有吗？"

"我觉得是阳光。"

回答正确。正是由于有了太阳的力量，作为燃烧余烬的 CO_2 再度被加工成生物可食用的形式，而这又成了推动这一圆环的巨大力量。以上，就是我想传达的信息。

如今，那些孩子都在做什么呢？

制造业的未来

我换了一辆新式的丰田普锐斯。启动汽车只需要按下一个圆形按键，握住方向盘，踩下油门，汽车就会悄无声息地启动。因为使用了电动机，低速行驶的时候也非常安静。这对深夜进出住宅区的人来说很方便。但另一方面，有人指出太过安静也是问题。如果车辆在狭窄的商店街中缓慢前进，行人很难察觉从后方接近的汽车。

据说，制造商正在研发车辆在低速行驶时发出电子铃声的安全装置。其实市面上也有售卖电子警报器。不过，一个划时代的发明一劳永逸解决了这个问题，而且是个初中生设计出来的。发明者便是住在明石的藤原丸。

他制作了一个小小的长条形匣子，里面设置有硬币大小的、可往复移动的圆形金属板。这一装置可以直接安装在汽车轮毂上。当汽车靠电力驱动而低速行驶时，"硬币"会上下移动，发出"咔啦咔啦"的声音。当汽车切换到高速行驶时，"硬币"会在离心力作用下固定于一端，不再发出声音。这种装置不需要电池之类的动力源，它小巧便捷，原理也简单至极。对发明而言，简练是重中之重。

然而，藤原君的伟大之处在于通过不懈的努力将如此简练的点子变成了现实。利用离心力在低速状态下保持运动，在高速状态下保持固定，这样的原理说起来简单，仿佛谁都能想到。但是将想法付诸实际的技艺，即匠人的心与手指是不可或缺的。如要发出周围行人能听得见的声音，使用什么材质、多大尺寸的金属为好？如要以时速20公里时的离心力作为临界点，应该如何调整"硬币"的重量和摩擦力？如何在不用特殊工具的情况下，让这一发明能够简单地安装在任何类型的轮胎上，且在高速行驶的过程中不致脱落和损坏？（藤原想到了将它安装在车轮毂螺帽上）为了在这些问题上找到最优解，需要大量的手工作业和试错。藤原君孜孜不倦地完成了这一切。

　　凯利·穆利斯（Kary Mullis）博士是我景仰的人。他发明了聚合酶链式反应技术（PCR），使人类实现了基因的大量扩增。现在，犯罪现场采集到的一根头发就能让犯人无所遁形，亲子鉴定的准确率接近100%，这些都是PCR的功劳。在穆利斯博士带着恋人开车兜风的途中，一个想法在脑海中闪现。他慌忙停车，急匆匆地在纸上写了下来，这是世纪大发现的瞬间。女朋友在副驾驶座上都打起瞌睡了。不过，穆利斯博士只做到了这一步，也就是说，仅仅止步于想法。对生性嫌麻烦的博士来说，比起将想法化作现实，还是冲浪和与女孩约会更具有吸引力。实际上，是那些无名的技术者们努力完成了PCR的优化和实际应用。他们为了寻找在高温环境下仍能发挥作用的酶，甚至采集了海底火山中的微生物。

PCR技术引发了分子生物学的革命，开拓了不知多少亿美金的巨大市场。然而，穆利斯博士完全没有从中获利，毕竟，实现PCR技术商品化的人不是他。而且在当时，穆利斯的功劳被人们彻底遗忘了，直到后来关于PCR技术专利的纷争愈演愈烈，穆利斯的名字才再度进入大众视野。不过，他仍然没有得到相应的报酬。穆利斯博士至今还总是抱怨PCR没给他带来一个子儿。但作为回报，他获得了诺贝尔化学奖，也算是吃水不忘挖井人了。

凭借一己之力从头干到尾的藤原君真的很了不起。他配得上所有的荣誉和金钱奖励。

铃木少年的
大发现

前些日子，我如愿以偿见到了铃木直先生。我得知他最近有场演讲，就跑去听了。尽管铃木先生已经成了和蔼可亲的大叔，但在我看来，他永远是那个铃木少年，是我心目中永远的英雄。

有时候，科学上的发现不是由专业的科学家，而是由充满热情的业余爱好者完成的。一只新品种昆虫、一颗新的彗星、一块灭绝生物的化石骨架。铃木少年在福岛县磐城市的古地层（双叶层）中发现了完整的长颈龙化石。这是发生在1968年的故事。当时，科学家们不觉得会在日本发现恐龙和大型爬虫类动物生活过的痕迹。可以说，铃木少年的发现颠覆了科学常识。当然，罗马不是一日建成的，这样的大发现亦是同理。铃木先生演讲时磕磕巴巴的，但他的话在我心中不断回荡，"机会总是给有准备的心灵。"

铃木少年从小就是个喜欢幻想的孩子。虽然仅限于这些容易入手的书，但他不知疲倦地阅读着SF小说和世界文化社出版的科学图鉴。上初中的那一天，他邂逅了《阿武隈山地东缘地形变迁》这本书。书中提到，铃木的家乡存在着距今约一亿年前的地层，可能藏有珍稀鱼类或鲨鱼的牙齿化石。尽管他从未见过，但鲨鱼牙齿的暗淡光泽仿佛烙在了他的脑海中。

铃木少年的狂热由此开始。为了确认所谓的古地层是否存在，他去了当地的资料馆，得知在第二次世界大战前，常磐地区进行过大规模的煤田勘探，当时发现了在河流阶地有几块白垩纪地层凸露在外。他翻阅专业论文，了解到这几块地方位于磐城市北部的大久川上游某地，距离铃木家有三十公里远。每到周末，铃木少年就带上母亲做的饭团，一大清早就骑着自行车出发了，中途从不停下来喘口气。他也不知道是什么力量在驱使着自己，只知道非去那里不可。

他就这样成了一名化石猎人。他的收藏慢慢增加，从菊石、贝壳、植物，到他朝思暮想的鲨鱼牙齿的化石。他升入县立工业高中念书。有一天，他发现了一枚新化石，看起来像动物骨头。此前从来没有见过类似的化石，而且这块骨骼连接的其他部分似乎也沉睡于此。这时，铃木少年做了一个极其明智的决定——他立即中止了自己的挖掘活动。化石是非常脆弱的，在挖掘时一不小心就会被伤到。他联络了国立科学博物馆的古生物学家小畠郁生博士。

与小畠博士一同前来进行现场调查的，还有古脊椎动物专家长谷川善和博士。他们嗅到，这是大发现的前兆。这里埋藏的远不止一堆骨头，而是一头巨大的恐龙。

经过数年的慎重挖掘，人们终于揭开了恐龙化石的全貌——全长约七米。这头恐龙生活在大海里，头部呈三角形，拥有颀长的脖子、流线型的身体以及四只扁平硕大的鳍状足，还有尖尖的尾巴。这就是双叶铃木龙（学名为Futabasaurus suzukii）。铃木少年也留在了这只恐龙的名字里。后来，他成为磐城市菊石研究中心的职员，现在依然从事乡土教育与文化普及的工作。寻找喜欢的东西，然后一直喜欢下去。还有比这更美妙的人生吗？在演讲的最后，铃木少年引用了与谢野晶子的诗句：

　　鸿蒙开辟以来营建的殿堂

　　我也楔进了一颗黄金钉

高中生们的
目光

你知道SSH吗？它是超级科学高中（Super Science High School）的缩写。这是日本文部科学省推行的理科教育重点学校制度。被选入SSH的高中可以跳过政府发布的教育指导大纲，自行设计关于数学和理科科目的课程。SSH高中一般会邀请大学和研究机构的学者来演讲、授课，或者反其道而行，组织学生去大学课堂试听、去研究室参观见学，还会开展各种主题研究和科学社团等活动，又或者培养学生参加数学奥林匹克等竞赛。

政府为SSH高中提供特别预算，大约每年补助三千万日元。这算得上是一笔巨款，足以购入各式各样的实验设备。听说，有的高中甚至配备了重点大学曾经都不敢奢望的电子显微镜。虽然电子显微镜近来也在朝小型化、轻量化的方向发展（顺带一提，我曾经拜访过养老孟司[12]位于箱根的昆虫馆——被坊间戏称为"笨蛋之墙"。当时，养老老师就有一台电子显微镜，并用它将一只象团儿大小的象鼻虫背部图案放大数千倍，得意扬扬地向我展示）。

不过，SSH的选拔标准非常严格。申请的学校必须提交计划书并接受审查。目前，全日本有五千多所

---

12 养老孟司（1937— ），日本医学家、解剖学家。其随笔集
《笨蛋之墙》（2003）是现象级畅销书。

高中，其中有一百多所得到了SSH认定，可谓凤毛麟角。从入选名单上看，几乎都是各地的传统强校、国立高中和私立名校。

我有时也会受到SSH高中的邀请。作为一名教育工作者，我很高兴能得到与高中生对话的机会。目前为止，我已经去过爱知县一宫市的一宫高中、名古屋市的名城大学附属高中和茨城县鹿岛市的清真学园。校方大都要求我围绕生命科学研究及相关著作谈。

无论在哪所高中，学生们都听得很认真。我也一边播放PPT，一边认真演讲。迄今为止，科学始终在对生命进行细分。结果就是，我们现在习惯把生命视为一台由微观部件组成的精密机械。人类如今已经破译了整个基因组，甚至可以通过基因操作制造出基因敲除小鼠，然而，我们对生命的本质了解多少呢？说到这里，我不紧不慢地道出了另一种观点。有一位科学家宣称：生命不是机械，而是一种流动。这就是鲁道夫·舍恩海默（Rudolph Schoenheimer）提出的动态平衡理论。

演讲结束之后，学生们踊跃提问，很多问题相当刁钻。有个高一男生问道：

"如果动态平衡是靠要素间的关系性来维持的，那么，它就不就应该无处不在吗？"

"没错，正是如此，我们与环境其实并不是对立的，而是亲密无间的。"

下一个问题。

"看起来健康的基因敲除小鼠，如果在别的环境中表现出异常，那不就回到机械论了吗？"

"原来如此。非常犀利的提问啊。所谓生命体的动态平衡，就是在出现亏损时进行弥补，总是保持平衡状态，但也有补不上的时候。这证明了动态平衡是灵活可变的，同时也是脆弱的。我认为传统的机械论是无法说明这种性质的。"

这不由得让人感叹，高中生的思考已经如此深邃。

有人对SSH予以严厉批判，认为这是出于对"宽松教育"的恐惧而开倒车产生的精英教育。不过，我觉得尝试也未必是坏事。"啊！世界上还有那么多未解之谜！"这样的求知欲只可能是孩子自发产生的，而对知识的渴求同样始于这种自觉。

演讲结束了，我正要离开会场，听到了学生们的对话。"感觉燃起斗志了！"真让人开心。教育同时也是受教育。看到他们和她们无比澄净的好奇心时，我再次深切感受到这一点。

阅读题中的
常客作家

我记得一篇在模拟考试中出现的阅读题，故事讲的是一群被关在大山深处战争疏散地的感化院中的少年。特立独行的奇怪文体与我读过的所有小说都大相径庭。它既紧张、沉重、黑暗，又洋溢着清新自然。我一下子被带进那个世界。尽管只是篇幅短小的引用，我却完全融入其中。现在已经不是解答考试题的时候了。我迫不及待想要读到小说的后续。阅读题文章末尾的那个奇妙标题深深地印在了我的脑海里。

就这样，我知道了《掐灭嫩芽，射杀孩子》这部作品，并由此开始阅读大江健三郎的小说。现在回想起来，在枯燥乏味的应试学习中也产生了很多副产品。尤其是语文考试的阅读题为我提供了宝贵的契机：如果不是被迫阅读那些文章，有些作家是我永远不会接触到的。

时代不断变化，现代文与说明文的阅读题如今在使用哪些文章呢？小林秀雄[13]和平野谦[14]那些晦涩难懂的文章，曾经让我们这一代人伤透脑筋，如今似乎

13　小林秀雄（1902—1983），文艺批评家、作家，日本文艺批评的开创者。

14　平野谦（1907—1978），文学评论家，以私小说理论研究而著称，著有《昭和文学史》等。

已经销声匿迹。相反，我们看一看各大预科学校编写的"大学考试常见现代文作家排行榜"，内田树、池田晶子、鹫田清一、养老孟司……原来如此，的确个个都写得一手漂亮的现代文。

我谈不上出场频率有多高，但有时候，我写的东西也会被用于入学考试和模拟考试的阅读题。一想到自己的文章被年轻人阅读，就感到非常荣幸。但是，如果拙文给大家带来了烦恼，请允许我在这里说声抱歉。

当然，鉴于这件事的特殊性质，我没有事先得到通知。这是未经授权的借用，而且也不必支付版权费。这是法律允许的出于公益目的的引用。只不过，如果文章被用于考试题，事后也许会通知作者本人，寄来阅读题的复印件。S台预备学校曾经将我为一本新书写的后记整个拿来用作模拟试验的考题，并且为之撰写了厚厚一沓解说，我不禁对他们的深度阅读脱帽致敬。在这篇文章中，我写了两段童年回忆。一段是我把采集到的蝶蛹放在仓库之后忘了个一干二净，第二年才战战兢兢地打开。另一段是我等不及蜥蜴卵自然孵化，试着在蛋壳上扎出了个小眼。根据预备学校的解释，这两件逸事抒发了作者对生命的感慨，形成了完美的对称，一段写的是生命的自主性，一段写的是生命的脆弱性。说得太好了。作者本人在写作时（以及写作后）都从没想到过这些……

我突然想起一件特别想吐槽的事。因为我长期从事疯牛病研究，所以写过一本关于朊毒体的书，还有点儿难读。H大学的入学考试用了其中一篇文章。"在欧洲，人们自古以来就从羊、牛、猪等家畜身上获取食用肉，然后，将剩下的残渣废料和肉渣混在一起，在有机溶剂中加热和脱脂……"这一段写的是肉骨粉饲料，它正是引发疯牛病的原因。命题人在文章中的"羊"字下画了双横线，出了这么一道题：请在下列选项中选出以《寻羊冒险记》和《那威的森林》等小说而闻名的小说家。

　　A. 芥川龙之介　　B. 村上春树　　C. 川上弘美

　　D. 宫部美雪　　　E. 泉镜花

　　这和我的文章究竟有什么关系呀？我都能猜出命题人喜欢哪些作家了，他一定特别喜欢《寻羊冒险记》，还有托马斯·哈里斯（Thomas Harris）[15]。另外，还有……那本书明明叫《挪威的森林》。

15　美国犯罪小说作家，代表作有《沉默的羔羊》。

　　　　　　　　　　　　　　　　　　　　Ⅲ N

命题人的噩梦

在前篇中，我提到自己的文章被用于某大学的入学考试题目。这道题实在太有意思了，让我忍不住吐槽。不过，仰面唾天会落到自己头上，这是世间常有之事。

我们这些在大学教书的人中流传着这样一句话：如果有人从大学辞职，不是因为性骚扰，就是在入学考试命题上犯了重大错误。我要写的是后者，而且是怀着反躬自省的心情写下这篇文章。

错误的性质千差万别。从单纯的错别字、漏字，到题目中的语病，再到由于前提条件不充分而导致答案不止一个或者没有正确答案，抑或是出题超纲，又或是以前出过类似题目（这实际上不能算错误，也不可能完全避免）。在更复杂的情况下，可能是阅读题文章作者本人的逻辑展开出现漏洞，但命题人并未意识到（比如我最近在读熊仓千之的著作《漱石的变身》。2008年东京大学入学考试题选用了这本书中的文章，原文出现了文学错误，导致题出得并不好）。

一般来说，入学试题是由校方秘密指定的命题人秘密编写的。就其性质而言，命题人只能自行检查、自行校对。当他把一篇试题文章读了太多遍，才是真正的陷阱所在。自己反复阅读，反而会难以发现错误。如果可能的话，最理想的做法是请一位外部审阅者，比如擅长考试的秀才或者预科学校的专业讲师，但这无异于将答案公之于众。

因此，我们怀着犹如在走钢丝一样的心情兢兢业业工作着，比学生更加忐忑地等待着考试那一天到来。即使考试结束了，我们也不能松口气，因为高中和预备学校还有可能挑毛病。如果真的发现错误，大学方面必须道歉，并且采取适当措施（比如给所有考生加分）。在大学入学考试中，千军万马过独木桥，这对录取判定和录取名额都有影响，可能会在录取名单公布后招致更大的混乱。

我以前听说过这样一个故事。有一个命题人在编写试卷上绞尽脑汁，为能设计出引人思考的好问题而感到骄傲。但是，考试开始没多久，办公室就接到了一个紧急电话。一个考生质疑道："这道题是无解的。题目中给的数字错了吧？"太荒谬了，怎么可能嘛。我当场就能轻松给你写出标准答案。于是，出题人头也不抬地在纸上奋笔疾书，但似乎遭遇了瓶颈。他一遍又一遍地计算，额头上渗出汗水，仿佛着魔似的不停嘟嘟囔囔。过去了相当长的一段时间，还是没有解开这道题。他必须正面回答考生的质疑。如果在考试时间内，至少还能予以订正，可他就是算不出来。太奇怪了。其他命题人也试着计算，大家都心急如焚。连命题人本人也解不开的问题，别人自然也无能为力。办公室一片慌乱。时间到了，考试结束了。

事后判明这是一场考试事故。题目中给出的数值的小数点出现了偏差，但谁也没有注意到，校对的时候也忽略了这一点。但是错误就是错误，还是决定性的错误，而且这是一道大题，分值很高。造成的混乱持续了很久。

　　我很理解命题人的苦恼。"我自己出的题，应该能做出来才对呀，怎么会死活做不出来啊？"哪怕他已经在拼命奔跑，身体却丝毫没有向前移动。这种卡夫卡式的境遇、这场可怕的噩梦，让我感到深深震动。因为它可能明天就会发生在我自己身上。

羞耻的写作

我曾经收到一封读者来信。信中写道：我读了福冈先生的《生物与非生物之间》，书里的第138页有一处致命的错误。

"原子本身的运动无法直接观察到，但是微小颗粒的运动，比如漂浮在水面上的花粉、飘浮在空气中的雾（微小的水滴），是可以通过显微镜跟踪观察的。于是我们了解到微粒在永不间断地无规则运动。这就是所谓的布朗运动。"

然而，花粉并不是这样运动的，也不可能观测得到。身为学者，明明自己从未见过花粉，却大言不惭地这样描述。这是读者对我的指责。啊……的确，我经常在显微镜下观察细胞的形态，却从未真正见过在水上漂浮的花粉。实话实说，一次都没见过。我在书中所写的内容，是依据自己以前在某本书中读到的关于布朗运动的内容。书中写道，水分子和气体分子会不间断做无秩序的热运动，花粉那样的微粒会随机游走，仿佛被搅得到处都是。文字旁边附有一幅圆形视图，运动中的点呈现为锯齿形的折线。关于花粉与布朗运动，一般是这样描述的，但这似乎是错误的。

布朗运动这一名字来源于19世纪上半叶的英国植物学家罗伯特·布朗（Robert Brown）。他在显微镜下观察花粉的时候，发现这种细小粒子不规则运动的现象。他以为这是一种生命现象，但很久以后，爱因斯坦揭示了这种现象源于分子的热运动。问题在于布朗观察到的不是花粉本身。实际上，他看到的是花粉浸入水中的时候渗漏出的更小的微粒（比如淀粉粒），而且布朗最初的报告中写的也是"从花粉粒中渗出的细小颗粒"。

虽然花粉很小，但其直径至少也有二十分之一到三十分之一毫米，因此不可能观察到它与小得多的水分子碰撞时的运动。由于水分子的微观运动是在所有方向上与花粉发生随机碰撞，无法引发整齐划一的宏观运动。因此，布朗运动只能在比花粉小得多的微粒中观察得到。

唉，这就是间接引用和凭借模糊记忆写作的恶果。我再三反省，然后调查了一下，发现这个误解在某种意义上还是个著名的错误。维基百科甚至专门有个词条就叫"关于布朗运动的误解"，指出过去有许多科学家都不加辨析地在著作中引用了花粉与布朗运动的论述，其中甚至包括汤川秀树博士的《基本粒子》（岩波新书，1969）。致力于科学教育的板仓圣宣在拍摄科教电影时意识到自己的认知错误，出于自我警示，还写了一篇名为《在素人与专家之间》的文章。

看到维基百科的词条时，我整个人愣住了。"这种误解直到今日也没有完全消除。比如，福冈伸一的《生物与非生物之间》……"这怎么，我还被当成反面典型了……哎，天哪，真想找个洞钻进去，没有我就自己挖（这句俏皮话引自藤原正彦[16]，特此声明）。写作真是一种容易羞耻的营生。拙著如能再版，一定会予以订正。亲爱的读者们，请原谅我。如果可能，届时也请更新维基词条。

16　藤原正彦（1943— ），日本数学家，专攻数论，却以随笔而闻名。

才能的萌芽

我在横滨美术馆参观了"金氏彻平：熔化的城市·空白的森林"展览（2009年5月27日结束）。

展览非常有趣，视觉效果也很好。在名为"White Discharge"的作品群中，堆积着如同废弃物般的物体，顶端有雪花状的白色物质正在落下。它们保持着独特的滴落感，就这样变得坚硬，存在于此。仔细观察会发现，它们是锁链、被子拍、卷发棒之类，看起来就像在百元店买的小玩意儿。

另一方面，墙面上贴满了从白色地图上剪下来的海岸线，绵延、绵延、绵延不绝。这条曲线侵入了挂在墙上的画框的内部。画框中是从市面上买的涂色画中剪下来的花朵、汽车和手臂等图像零零散散组成的拼贴画。曲线将它们依次相连，然后又伸出了画框。此外，还有一幅用水性笔绘制的足球运动员们的插画，上面也有水珠滴答滴答落下。水滴溶解、洇渗了画的轮廓和颜色，好好的画面被毁于一旦，却带来了崭新的视觉体验。太美了，太现代了，如果能在房间里贴这样一张海报，那真是太酷了。

我应邀参加了这场展览的讲座活动。作为教育工作者，尽管微不足道，但我非常好奇，创造出这种超现实的、神秘的、新颖的现代美术作品的才能究竟从何而来？

我见到了艺术家金氏彻平先生，他非常年轻，出生于1978年，当时才三十岁，是个容易害羞、很质朴的人。他说自己小时候很喜欢手工艺品，经常自己缝制毛绒玩偶玩。

他说自己所有的作品都基于自己的经历而创作，他只是真诚地为这些经历赋予新的形式。

例如，在一个下雪的早晨，司空见惯的街道变成了完全不同的另一副模样。这有趣极了。家附近停着一辆奔驰。车边有一坨屎。现在它们都被薄薄的白雪覆盖了。他最初觉得这是一对奇妙的组合。但是，并非如此。没错，我懂了。两种完全不同的东西在相同的表层上发生连接，这才是趣味所在！

于是他试着开始创作，将很多种东西组合并置，在上面撒满白色粉末。后来他意识到这种连接本身很有趣，还可以进一步拓展。但他不是放大这一部分，而是通过连接起更多的细节，扩展了景观本身。为了创造出独特的质感，他精心制作了特殊的白色聚酯树脂。在某些地方又反其道而行，刻意溶解掉连接的部分……

如果你觉得有些视觉体验很好玩，不妨继续沉入这种趣味，并且思考它的含义，然后就会发现，这种愉悦来自刻意地连接或者消解我们人类随意创造出的界限与轮廓。

这与我的夙愿不谋而合。现代科学将这个世界分解、分解、再分解。我们好像理解了一切，但这只是一种幻觉。因为部分永远只是部分。我们能够从人类基因组中截取下来一段遗传基因，并且解读，但这无助于我们理解生命的存在形式。因为有些东西在分离的瞬间就失去了。只有将那些人为的分裂和分节重新连接，消除那些人工的界限，才能看到某些东西。所谓认识新事物的乐趣，其实就是金氏先生一直看重的好奇心。我再次感到，乐趣与好奇心萌发于同一个地方。

Chapter 03 博士是如何教出来的

平行式转弯
的过程

这是我读到的一首俳句。

> 想起令人忧心的事
> 是运动会

我举双手赞同。我对运动会和体育课没有任何好印象。我喜欢一个人做调查，制作昆虫标本，是个彻头彻尾的"室内派"、典型的运动白痴。

不过，很不可思议的是，在进入大学后不久，我偶然间参加了一趟滑雪旅行。理由很简单，只是暗恋的女孩子对我说："福冈君，一起去滑雪吧。"

这趟旅行让我吃尽了苦头。我还是头一回穿滑雪靴，硬得像石膏，滑雪板也重得要命。尽管只是在缓坡，我刚想滑出去，左右两条滑雪板就朝不同方向迈开，害我立马摔了个屁股蹲儿。

抬头一看，一位滑雪高手正从陡坡上轻盈地滑行下来，滑雪板保持平行，划出一道华丽的弧线，扬起如烟的细雪。纯白的雪地上留下了美丽的划痕。这就是平行式转弯，看起来像是魔法一样。

最后我都滑不动了，浑身上下哪儿都疼，还被那个女孩嘲笑。如果放在平时，我一定会在回家的公交车上想："这辈子再也不去滑雪了。"但那时候仿佛有什么东西抓住了我。我没多想，坐了很长时间缆车来到山顶，深蓝色的冬日天空下，八岳连峰一直绵延到遥远的彼方。向下望去，我正身临悬崖峭壁。滑雪者们接连勇敢地飞跃而出，将身体委于重力，同时又巧妙地掌握重力来驱动身体。这究竟是一种什么样的感觉呢？

后来回想起来，我之所以会去滑雪场，也许是因为意识到了滑雪没有捷径可走。没有捷径，就意味着每个人都要在土路上滑行。无论是经验丰富的老手，还是运动神经不发达的人，都要直面峭壁和问题。换言之，在滑雪的时候没有效率，只有过程。

很多滑雪狂热爱好者会沉迷于这种无休无止的过程。日本甚至产生了支持这种行为的奇特文化——基础滑雪，区别于分秒必争的竞技滑雪，基础滑雪爱好者只研究和练习如何做出漂亮的平行式转弯。他们的探索卓有成效，发明出各式各样的技巧。这与我熟悉的昆虫世界、书籍世界的本质是相通的。滑雪也是一项极其个人化的活动。

基础滑雪爱好者通常是独自一人孤独地征服雪道，只是透过护目镜与其他滑雪者混个面熟。"真巧，这礼拜也碰见了。"他们完全不了解彼此的身份，却能够分享彼此在滑雪技巧上的新发现，相互鼓励。"嘿，这回的滑雪认证考试你参加吗？""不，我还不

Chapter 03 博士是如何教出来的

太行。"基础滑雪也有资格认证协会，举办相关的滑雪考试，必须通过犁式转弯、半犁式转弯、大转弯、小转弯等实操测试，才能通过考级认证。这一考试的通过率并不高。我从最低的五级开始考起，现在是二级，花了几年才达到这个水平。平行式转弯也不在话下。最近我没法像年轻时那样滑了，但还是对冬天充满期待。也不知道，还能在雪地上踩几回。

教育、学习、育儿……或者说我们的人生本身，都没有效率可言，有的只是过程。重要的是对这些反反复复的过程充满热爱。来一个华丽的平行式转弯吧，一个充满速度感、不留一丝遗憾的平行式转弯。这么说或许很矛盾，最精彩的平行式转弯只能在犹如一条平凡土路的过程的尽头处实现。

Chapter
04
理科
生活

疯牛病
尚未结束

2008年夏天，疯牛病问题在我们的邻居韩国引发轩然大波。李明博政府决定全面解除先前对美国牛肉的进口限制令，这引来了强烈批评，连日爆发大规模集会抗议，要求确保食品安全。在首尔，数万人的游行队伍挤满了市中心的街道，据说还有初、高中生和推着婴儿车的家庭主妇打头阵。眼见市民的怒不可遏，韩国政府还是暂时搁置了解禁一事。

这完全是明日将会发生在日本的景象。尽管日本媒体几乎没有报道，但是疯牛病问题还远远没有解决。请允许我借这篇小文梳理一下目前情况。追本溯源，所谓的疯牛病与其说是牛疯了，不如说是人害得牛疯了。换言之，这是一场人祸。因此，我一直呼吁不应将这种疫病冷冰冰地叫作"BSE"（牛海绵状脑病），就该直接叫作"疯牛病"。在英国，为了让奶牛迅速长膘，获得更多的牛奶，人们给牛喂食用家畜尸体作为原料制成的肉骨粉。他们逼迫草食性动物像肉食性动物一样同类相食。这使得病原体混入其中，造成牛群的大规模染疫。由于病死的牛再度被制成饲料，导致感染范围进一步扩大。此外，1980年前后，受到原油价格高涨的影响，肉骨粉生产中的加热步骤被简化，增加了病原体存活的概率。在发现肉骨粉是致病原因之后，英国禁止使用肉骨粉。但这只是英国国内的情况，被污染的饲料早已流出英国，将疯牛病带到了日本和美国。可以说，疯牛病这场灾难的背后是双重或三重的人祸连锁。

2001年，日本也发现了首例疯牛病。为了应对在食品安全问题上非常敏感的日本人的恐慌，平日里在危机管理方面较为薄弱的日本政府也出台了四项严格措施，包括对日本境内所有的牛进行脑部检查、切除病原体容易聚集的特定危险部位、禁止动物性饲料、建立牛的信息登记制度（保证可追溯性）。这套措施至今已经发现并处理了35头染疫牛。尽管尚未排查到污染源，但暂时保障了日本产牛肉的安全，让民众得以安心食用。

问题出在美国产牛肉。2003年，牛养殖量达一亿头的美国也发现了疯牛病，日本立即禁止进口美国牛肉。结果，引发的骚动之巨大仿佛是牛肉饭在日本消失了的程度。按理说，如果美国采取了和日本相同级别的安全措施，那么，等到国际标准实现统一，届时再恢复进口即可。但现实的发展并非如此。

经过复杂繁难的辩论，日本最终屈服于美国的要求，反而自己放宽了国内的脑部检查机制，为恢复美国牛肉的进口铺平了道路。年龄在二十个月以下的牛无须脑部检查，只要切除特定危险部位，不做脑部检查也可以获得进口许可。美国几乎不做任何检测，疯牛病的隐藏风险可想而知。此外，不符合年龄和没有去除危险部位的牛进口日本的事件也屡屡发生。

今后事态会如何发展呢？首先是日本。日本已经降低了脑部检查标准，二十个月以下的牛可以免检。尽管如此，地方政府担心消费者的反弹，仍在对所有年龄段的牛进行检查。这无疑是一种自我矛盾的现象。中央政府别无选择，只能向民众发放补助金，但这一经费也已经在2008年7月末终止。与此相对，地方政府则自掏腰包，继续对所有牛进行检查。顺带一提，每头牛的检查费用约为两千日元。今后的道路在哪里？毫无疑问，美国将会继续施压，谋求进一步放宽进口限制或者完全取消进口限制。到那个时候，日本人会像韩国人一样群情激愤吗？至少，我会坚持自己的想法。

胶原蛋白
的真相

我应《周刊文春》的邀请与阿川佐和子女士对谈。对此，我深感荣幸。阿川女士的个人魅力和谈话技巧令我折服。

当时，我们谈得最热络的话题是胶原蛋白。

为了美容和健康而吃所谓的"胶原蛋白食品"，其实对美容与健康毫无意义。诚然，胶原蛋白在细胞之间起到缓冲，对保持皮肤弹性和润滑关节活动至关重要。

然而，当我们食用采集自其他动物的胶原蛋白食品（主要原料是牛骨和牛皮）时，它并不会被直接吸收，到达细胞间隙和关节处，补充人体胶原蛋白的不足。如果外来蛋白质能够在人体中来去自由，就会发生严重的过敏反应和排斥反应。为了避免这种情况，人类会先在消化道中将所吃的蛋白质消化掉，也就是将其分解为氨基酸。

在胶原蛋白这种蛋白质中，含量最高的氨基酸是甘氨酸，其次是脯氨酸。这两种都是很常见的氨基酸，存在于任何食物之中。这些氨基酸属于非必需氨基酸，细胞可以通过其他很多材料来产生它们。

因此，如果人体需要胶原蛋白，它只需要用随处可见的甘氨酸和脯氨酸合成即可。只要正常饮食，人体就不会缺乏产生胶原蛋白的原料。

另外，如果特意摄入"胶原蛋白食品"会发生什么变化呢？它会在肠道中被消化，分解成氨基酸。部分被吸收的氨基酸会向全身分散，成为制造各种蛋白质的原料，或者燃烧生成能量。其中极少一部分甘氨酸和脯氨酸被用于合成人体所需的胶原蛋白。但它所占的分量是如此之少，比例低得就像那些你买东西时花掉的硬币，兜兜转转，最终作为找零回到你的手上。

胶原蛋白本来就不是容易消化的优质蛋白，大概率会随着粪便排出体外。最近市场上还出现了胶原蛋白肽这种商品，即特地精细切碎的、"易于消化吸收"的胶原蛋白。实际上，这根本没有任何区别。肽最终也会消化分解成氨基酸。有些肽可以被直接吸收，但它们无法作为合成新胶原蛋白的原料。因为人体内的一切蛋白质都是由氨基酸连接而成。

因此，如果你在吃了富含胶原蛋白的昂贵鱼翅的第二天早晨，感觉皮肤变得更紧致了，那么你无疑是个幸运儿。在很多实验中都出现了这样的人群，当他们服用不含任何药物成分、只是与药剂相同外观的伪药（安慰剂）之后，在不知道这是伪药的情况下，症状的确得到了缓解。在多的时候，这一比例高达30%~40%。这就是所谓的安慰剂效应。人类的身体就是这么容易轻信。安慰剂效应有时也能起到良好效果，就好比卖方和买方都能接受，那就不存在任何问题了。即使是我，也不敢跑到购买胶原蛋白食品的人面前直言劝诫。

大体而言，我觉得被称为"功能性食品"的东西基本上是没有根据的想象。《周刊文春》的列位同人，如果我的话给您的赞助商造成不便，我很抱歉。但事实就是如此。

失踪杀人事件
的考察

2008年4月，回家后不久的女白领在东京江东区的一幢公寓九楼的房间中失踪。与女白领家隔了一间屋子的男人在她失踪后接受了新闻记者们的采访，甚至还在电视上抛头露面。警察认为该男子有作案嫌疑，将其逮捕。据他供述："杀了（她）之后，我把尸体切碎倒进下水道冲走了。"

如果连尸体都不复存在，杀人事件就无法立案了。真的有可能让一具尸体从世上彻底消失吗？自古以来，人类尝试过各种方法，但都以失败告终。如果把尸体埋在深山老林里，野狗会把它刨出来，骨头和头发能够长时间留存。如果将尸体绑上重物，沉入大海，尸体腐烂分解产生的气体会形成巨大的浮力，使得尸体浮出海面。

肢解也不是一件容易事。因为作为生物体的人的肉体非常湿润，同时又是硬质的。肌肉就是较硬的部分，其中贯穿着坚韧的肌腱组织。骨头就更不必说，割断骨骼是一项艰巨的工作。股骨又粗又长，头盖骨又大又沉又硬，这可不是菜刀和家用工具能切断的。

这让我想起了"芹泽家杀人事件"和《黑影地带》（下文包含剧透。不过这两部作品已成经典，我才敢放心写）。

芹泽家是传说中的杀人组织，一男一女都是其中成员。女人是某起事件真相的唯一知情者。他俩进入酒店房间后就再也没有出来。在警方的严密监视下，五个小时后，男人独自离开了酒店。警察闯进房间，却根本没有发现女人的身影，房间里空无一人。但是，现场没有留下任何剧烈活动的证据。

刑警决心查清事件的真相。他推断，男人可能在酒店浴室内，以异于常人的专注力将尸体切碎，顺着马桶冲走。

为了证明自己的推理，刑警带来了四十公斤的带骨肉，并在同一个酒店房间里进行试验，将肉削除，把骨头切碎，然后冲进马桶。在此期间，有关人员也不准进入房间，他几乎没有吃饭，整个过程要耗费十天时间。揭秘天才狙击手身世之谜的"芹泽家杀人事件"无疑是《骷髅13》[17]史上最重要的插曲故事之一。

另外，松本清张认为尸体之所以难以处理，是因为人体含水量高，且由坚韧的肉块和骨骼组成。这是完全科学的生物学认知。如果能够将尸体变成蜡人一样坚硬且质地均匀的物体，那就可以使用刨削木材的机械，将尸体整个切割成木鱼花那样的细小薄片，然后找一片辽阔无垠的区域一撒——永别了。我不知道清张先生从哪里获得的这些知识，但这的确是我们生

---

17 《骷髅13》，漫画家齐藤隆夫自1968年开始连载的社会写实类漫画，讲述了狙击手Golgo13暗杀生涯中的各色事件。

物学研究者制作显微镜下的活体样本时采用的技术。

为了在显微镜下观察脏器组织，我们必须制作一个非常薄的切片，只有一层细胞铺排存在，让光能够通过。不过，湿润的、硬质的内脏器官不容易制作成切片，需要将其浸泡在石蜡化学药液中。石蜡是一种加热会液化流动、冷却会固化变硬的蜡。它能够使得脏器硬化。这样一来，柔软且布满毛细血管的脏器组织就变成了均质的坚硬物体。

然而，必须事先将样本分割成米粒大小的小块，才能够进行浸蜡处理。如果不这么做，石蜡药液就无法渗入脏器组织内部。而且为了让石蜡完全取代脏器组织中的水分，还必须多次脱水和置换。因此，就算将尸体浸泡在石蜡药液里，也什么都不会发生。抱歉，清张先生，拆您的台了。

可见，失踪杀人事件中的尸体仍然是湿润的、硬质的。Golgo13（或类似的人物）才可能在五个小时内完成分尸、抛尸，很难想象一个门外汉罪犯可以在一两天内处理掉尸体，而后面对记者们的采访对答如流。总而言之，我认为这起失踪杀人事件背后一定有什么隐情。

我们为什么
会发胖？

　　我任教的大学废止了听上去就很迂腐的"一般教养"这个课程名称，取而代之的是"标准"，旨在培养大学生的理性观念。新的课程被称为"青山标准科目"。其中就有我开设的一门叫"毒与药"的课。理性的本质是怀疑精神。我这门课的趣旨就在于分辨毒与药，也就是洞察食物问题上的真伪。下文便是课程讲义的一部分。

　　假如有一块草莓奶油蛋糕，重量大约是200克。那么问题来了，如果你一口气吃掉它，体重会增加多少？答案会是简单的200克吗？根据质量守恒定律确实如此，但物理学原理不能直接套用在生物学上。并不是一整块蛋糕都会转化为你的体重。

　　蛋糕的一半是水分，剩下的是面粉（碳水化合物和蛋白质）和奶油（脂肪），其成分比例大致如下：

　　　　水……100克

　　　　碳水化合物……60克

　　　　蛋白质……20克

　　　　脂肪……20克

　　其中，水分不会被吸收。因为人体的含水量会保持平衡，多余的水分将迅速以尿液、汗液或者呼气的形式排出体外。

那其余成分呢？它们是否会被人体吸收，取决于你今天摄入和消耗的卡路里。人只要活着就需要消耗能量。哪怕你一整天都窝在家里，维持心肺运转、保持体温以及细胞活动都需要能量。成年人每天所需的最低能量约为2000大卡。

有一个将营养物质换算成热量的简单公式。1克碳水化合物和蛋白质等于4大卡，1克脂肪等于9大卡。

碳水化合物……240大卡

蛋白质……80大卡

脂肪……180大卡

等于说一块蛋糕含有500大卡。如果你从起床开始什么都没吃，吃下一块蛋糕，也不会长胖哪怕1克。因为500大卡的热量全部都会作为基础代谢的能量消耗掉，然后变成水和二氧化碳，随着呼气和汗液排出体外。

然而，如果你有好好吃早餐和午餐，晚上也饱食了一顿，饭后还想来点甜食，于是吃下了这块蛋糕，但你早午晚都已经摄取过基础代谢所需的热量，蛋糕就变成了多余能量。这时候你的体重才会增加。

从某种意义上说，这是人类的悲哀。人类的祖先已经在地球上生活了十几万年，其中大部分时间都在挨饿。每天早晨起来，最重要的事就是要想办法确保今天一天的食物。

如果狩猎到大型动物，所有人都会争先恐后抢着吃，因为不知道下次觅得食物是在什么时候。这就是为什么人类在进化过程中发展出了快速储存剩余能量的身体机制。我们的基因完全没有料到会有今天这样饱食无忧的时代。

换言之，人体的生理机制与昔日在洞穴中挨饿的时代并无不同，所以要是多摄入了点剩余卡路里，它们就会迅速变成肚子上的脂肪储存起来。这是非常自然的事情。值得惊讶的是，这样的奶油蛋糕只要四块，就能满足人类一天的能量需求。不可小觑呀。

天才会遗传吗？

为什么长颈鹿的脖子那么长？长颈鹿为了吃到高处的树叶，努力伸长脖子，付出了日复一日、代复一代的努力，使得长颈鹿的脖子越来越长。在当今的生物学中，这种解释被轻而易举地、干干脆脆地、毋庸置疑地否定了。法国大革命时代的学者拉马克提出了"用进废退说"，即在生物的演化过程中，用得着的器官会逐渐发达，用不着的器官则逐渐退化。这种学说乍一看很有道理，但其致命破绽在于，生物体内不存在这种机制。

事情其实是这样的：生物可以通过努力改变自己，具备极大的可塑性。比如说，有一天，瘦弱的昆虫少年下定决心要成为一个受大家欢迎的人！于是我给自己制订了高强度的训练计划，通过坚持不懈的艰苦锻炼，练就了一身漂亮的腱子肉，对着镜子自我陶醉时喃喃道："只要想改变，人就可以发生翻天覆地的变化。"但令人难过的是，这种备尝辛苦换来的身体特质永远不可能传给自己的孩子，也就是无法遗传给下一世代。无论自己做出多少改变，都仅限于一代人，改变的结果根本不会反映在精子或卵子的遗传信息之中。这就是所谓的"后天获得性性状不遗传"。日后，达尔文开创的进化生物学视此为金科玉律，并以此彻底葬送了拉马克的理论。

Chapter 04 理科生活

进化生物学认为，只有精子或卵子携带的信息能够被遗传，如果世代演化间发生了什么变化，那也是遗传信息传递过程中发生了微小的变异，与个体努力毫无关系。即进化只是精子或卵子在形成时偶然出现的"错别字"或者"漏字"。它给下一代带来的是无特定方向的、随机性的性状改变。其中，只有那些适应环境的改变，也即有利于下一代生存的改变才会脱颖而出。生物的性状就是这样一点一点发生变化。因此，达尔文主义认为长颈鹿的长脖子起源于一次偶然的基因突变，只是碰巧有利于物种繁衍，才会被保留延续至今。

举例来说，一名顶尖掷链球运动员的孩子也是顶尖掷链球运动员，一个不世出的天才骑手的孩子也成了天才骑手。这难道不是遗传吗？我认为答案是否定的。顶级专业人士的子女在同一领域有所成就的例子比比皆是。看上去似乎是DNA遗传的作用，实际上，遗传的是培养专业人士的"环境"。

有过关于这方面的一项调查。无论在哪个领域，被称为精英的人士无一例外都经历过一段"特殊时间"。从孩提时代起，他们就集中精力，将所有努力专注于一件事上，所投入的时间至少有10000小时。如果每天练习3个小时，一年下来就是1000小时，十年不间断才能达到10000小时。正是这种极致的努力才让他们获得了名为"专业性"的性状。身为专业人士的父母遗传给孩子的正是这种严格要求他们付出努力的环境。

这样一想，另一件事也说得通了。不只是国家元首，就连议员、商人、明星，任何组织内部的二代、三代为什么都显得如此软弱、娇气、没有韧性呢？因为他们只从父母那里得到了外在的形式，而缺失了最重要的那10000个小时。

浅葱斑蝶之谜

前不久，我路过多摩川沿岸，看见一只大蝴蝶在硫华菊丛中翩然起舞。我以前就是个昆虫迷，至今看到珍稀昆虫仍然会兴奋不已。没想到在这里也会有浅葱斑蝶（Parantica sita）！

顾名思义，浅葱斑蝶茶褐色的身体上散落着浅葱色的斑纹。这种美丽的蝴蝶会长途旅行，因而也有"渡蝶"的别名。它会从中国台湾地区一带开始北上迁徙，飞越琉球群岛，最终抵达日本的本州岛。蝴蝶在旅途中长大，秋天一到，将再次踏上南下的归途。

由于日本全国范围内蝴蝶爱好者的努力以及互联网的普及，我们现在已经清楚了浅葱斑蝶的详细旅途。之前举行过一场标记浅葱斑蝶的活动。如果发现了浅葱斑蝶，他们会用柔软的捕虫网轻轻捉住它，在小心翼翼不伤害到蝴蝶的情况下，用油性笔在蝴蝶翅膀里侧记下标记地点及日期，然后将它放归天空。同时，如果捕捉到的浅葱斑蝶翅膀下已经做过标记，就将标记数据上传到互联网上（具有代表性的网站是"浅葱网"）。如此一来，就可以追踪蝴蝶的旅程了。浅葱斑蝶飞得并不匆忙，而是悠闲地扇动翅膀，绕着捕虫网转圈，甚至还会贴近人类。它们非常亲近人，所以每个人都能很轻易地标记。

有记录表明，浅葱斑蝶这趟旅途的直线飞行距离达1500公里，每日飞行近200公里。大分县国东半岛地区的海上离岛——姬岛是蝴蝶们最喜欢的休憩地。无数浅葱斑蝶结群飞来的景象十分壮丽。为什么浅葱斑蝶要千里迢迢北上，旋即又南下呢？这是个谜。生物学从根本上无法回答"为什么"的问题，最多只能回答"如何"的问题。即便如此，能够了解浅葱斑蝶如何在日本各地旅行，大家齐心协力调查并相互报告蝴蝶的旅程，也让人乐在其中。科学起不到作用也无妨。

因此，我很想接近在多摩川畔遇到的那只蝴蝶，看看它身上有没有标记。然而，那只停在花上的蝴蝶，其实并不是浅葱斑蝶。我竟然认错了……曾经的昆虫博士也已经不中用了。尽管它身上有浅葱色斑纹，后翅上却有一排鲜艳的红点，显然不是浅葱斑蝶。这是栖息在冲绳和奄美大岛的黑脉蛱蝶（Hestina assimilis）。但东京按理说也没有这种蝴蝶啊。我惊讶得说不出话来，因为在已知栖息地以外的地方发现某个特定物种也是重大发现。有可能因为气候变化，所以它们的栖息地缓慢向北移动。

一番调查之后，我不由得又吃了一惊。很多人在神奈川县与东京西南部目击到这种栖息在南国的蝴蝶。有时，蝴蝶因为台风等因素被迫离开栖息地，就会被称作"迷蝶"。但这只黑脉蛱蝶倒也不像是迷路了，它还有许多伙伴，表明它们已经在这里扎根。黑脉蛱蝶的幼虫以朴树为食。城市的公园和街道两旁种有很多朴树。但考虑到它们是突然出现在这一地区的，全球变暖导致栖息地变化的可能性也不大。唯一的可能性就是人为放生……究竟是出于什么目的放生蝴蝶呢？只是为了引发惊奇而获得快乐吗？但没有多少人会对此感到惊讶吧。谜团越发多了。读者若有线索，望不吝赐教。

稻草富翁传

伟大的发现在诞生之初往往备受冷落，而有很多立刻引发巨大反响的"伟大发现"会随时间而褪色。

我要写的是属于前者的一个典型例子。这项发现没什么知名度，甚至连发现者本人最初也是无心插柳柳成荫。

自然界中存在着一些微弱的光，不仅吸引着生物学家，也让文学家为之倾倒。它一直吸引着人类的注意力，引发某种思绪。这就是在溪畔草丛中明灭可见、斜飞流连的萤火虫，还有在黑暗洞窟的角落里静静生长的光苔。

实际上，光苔发出的光是对自洞窟外射入的微光的反射，因而它无法在完全黑暗的环境中发光。但是萤火虫不是依靠反射，而是自发发光。尽管只是微弱的光，但为了能在黑暗中发光，萤火虫具有一整套巧妙的机制。特殊的色素化合物（它有个优雅的名字叫"Luciferin"，取自反抗上帝的堕天使路西法）、使其发生氧化的酶、为氧化反应提供能量的化合物ATP，只有同时具备三者，发光机制才能启动。

当看到在海中闪烁着蓝色光芒的维多利亚多管发光水母的时候，他或许联想到了萤火虫的发光机制。为了研究其原理，他必须从生物体内提取作为研究对象的物质，而且要求纯度极高。因为一旦混入杂质，就无法对物质的性质做出科学判断。这就是所谓的"提纯"。如今，基因组信息已经完全破译并且建立了数据库，提纯这项烦琐费力的工作已经不再流行，变成了一门过时的科学。顺带一提，我念研究生的时候，曾经日复一日地杀死实验鼠来提纯（日后很有可能遭报应）。

提纯，就是通过多个重复步骤提取微量成分的操作，所以目标物质有可能在提纯过程中逐渐减少，最终并没有留存下来。因此，操作开始前就要准备大量的初始原料。他收集了很多杯（量词不一定对，原谅我不知道水母是怎么统计的）维多利亚多管发光水母，然后研磨、筛选，通过各种分析仪器来精细分类。最终，他提取到一种能够发出蓝色荧光的蛋白质，命名为埃奎明（Aequorin）。萤火虫发光依靠的虽是完全不同的化学物质，但原理是相近的。特殊的色素化合物、氧化酶、作为氧化反应能量的氧分子以及钙离子，形成了一套相当复杂的机制。

不过，在提纯过程中产生了副产物。在水母体内，水母素发出的蓝色荧光下还有一种物质泛着微弱的绿光。也许是这种物质并未得到重视，它没有像埃奎明那样被赋予特别的名字，而是很机械地被称作绿色荧光蛋白（GFP），就这样搁置一旁了，后来一直无人问津。

直到很久以后，GFP才如其名一样大放光彩。

GFP的特殊之处在于不需要色素、氧分子、钙离子或者其他任何物质就能够自己发光。无论处于哪种环境，GFP都会呈现为一种绿色标记。某个学者想出了个主意，将所研究的蛋白质与GFP连接起来，这样就可以观察到对象在细胞内的移动了。还有研究者改良了GFP，使其发出的荧光更加醒目，也更加美丽了。就这样，GFP如今已经是细胞及基因研究不可或缺的工具。

　　近五十年前，下村修先生从水母中提纯出GFP。又过去很久以后，GFP变得越来越重要。看到这些，我不禁想起了稻草富翁[18]的故事。总之，恭喜下村修先生获得2008年诺贝尔化学奖。

18　稻草富翁，《今昔物语集》及《宇治拾遗物语》所记载的民间传说，讲述一个穷人向观世音祈祷富贵，观世音托梦说只要拿着出庙后遇到的第一件东西去旅行，便可实现愿望。穷人出庙后摔了一跤，握住了一根稻草，于是在旅途中，用稻草交换了橘子，进而交换了绸缎、骏马、豪宅，最终成为富翁。

扇贝与虾之间

虽然知名度不高，但我好歹也算是个作家，出过一些出乎意料深受广大读者喜爱的书，也写过一些备受冷落、最终沉入时间水底的书。浮浮沉沉，来来回回。"逝水无绝，却已非原来之水。泡沫浮自淤塞，此起彼落，未得久长。"[19]……啊，这就是我说的动态平衡嘛。但沉浸于抒情的时光只有须臾，转眼就要被冰冷的现实吞没。是的，报税的时刻到来了。

作家的稿费和版税属于"不固定收入"。根据税务署网站的说法，不固定收入包括"捕鱼及采集海苔的收入，养殖鲫鱼、真鲷、比目鱼、牡蛎、鳗鱼、扇贝、珍珠和珍珠贝的收入，版税、稿费与作曲费等收入"。

也就是说，在税务部门眼中，作家与在变化无常的大自然中工作的人一样，在收入方面具有很大的不确定性。这一点的确让我感同身受。让我们继续往下看。

"捕鱼收入，范围上较一般所谓渔业收入更窄，指捕捞鱼类、贝类等水生动物，进行贩卖或者经简单加工后贩卖所获得的收入。因此，捕鱼收入不包括捕捞非水生动物（例如海带、裙带菜之类水生植物）与养殖水

19　出自镰仓时代文人鸭长明的随笔《方丈记》第一段。

生动物（例如虾、鲤鱼、鳟鱼等）所获得的收入。"

唔，虾和比目鱼、扇贝有什么不同吗？虽然知名度不高，虽然我是个生物学家，但我的知识面偏重于昆虫，搞不清这里面的微妙区别。那么，甲鱼的养殖应该如何归类？似乎值得讨论一番……对于收获颇丰的年份，这类收入就要缴纳非常高的累进税。这会反映在第二年需缴纳的所得税和地方税上。但如果下一年情况急转直下，收入暴跌——这类事情实际上经常发生，那可就糟了。不过，税务署亲切地提出了以下建议。

"诸如稿费、职业棒球运动员的薪水这类所得金额会随年份产生较大波动的收入（不固定收入），以及某一年中偶然出现的临时性所得（临时收入），如果按照超额累进税率计算，会产生相当大的税金负担，因此，当不固定收入及临时收入的总额占个人总收入的20%以上时，可按照平均税率计算，以求减轻税负。"

啊，不固定收入者后边跟着的"等"字里原来还包括职业棒球运动员啊。

税金的计算方式非常复杂，即使是理科生的我也算不明白，还是得求助于税务会计师。总而言之，当收入起伏波动非常剧烈的时候，还有另一条路可走。顺带一提，有传言称是因为长岛茂雄加盟巨人队时的签约费太高，引发税法改革，制定了平均税率。当然，这只是都市传说。平均税率的制度应该在很久以前就已经存在了（基于战后的"舒普建议书"[20]而确立）。

不过，就算依平均税率计算，还是感觉钱都被拿走了。

试图搅乱一切秩序的熵增定律仿佛是追兵，从背后迫近我们，迫近所有生命。为了逃脱追捕，我们拼命地拆东墙补西墙。但是实际上，熵增定律并不是唯一的追兵。

20　指美国税法学者卡尔·舒普（Carl Shoup）在1949年应驻日盟军总司令邀请率领使团访日后提交的《舒普使团日本税制报告》，该文件奠定了日本战后税制改革的框架。

荞麦VS乌冬

7月到了。日历上说今天是"半夏生"[21]。听说这一天也是"乌冬日",据说这是因为从前在赞岐国,要用刚刚收获的小麦制成的乌冬面招待来帮忙插秧、割麦的人。

我也想吃一碗乌冬面了。在车站等待电车时,飘来酱油汤底的阵阵浓厚香味。那是一家立食式荞麦面馆。我从小到大都抗拒不了这种香味,立马就被引入店中。这类店的菜单上大抵全都是"××荞麦"和"××乌冬",价格也一样,只需要告诉店家要荞麦,还是要乌冬。今天碰巧赶上没人,我便跟店内的阿姨打听,"荞麦和乌冬,哪个卖得更好?""应该是荞麦吧。嗯,荞麦对乌冬,大概有个四比一。东京人嘛,性子都急。"确实,荞麦面比较细,吃起来更快些。荞麦的另一个优点是升糖指数(glycemic index,简称GI)低。即使热量相同,不同的食材升高血糖的能力也大相径庭,这取决于消化与吸收方式上的差异。GI值就是对这种差异的量化。如果我们研究在相同条件下,进食相同热量的食材,血糖水平在一定时间(通常是两小时)内的上升趋势,那么,将葡萄糖(因为是碳水化合物的基本单位,没有消化的必要)直接摄入的情况设为100

---

21 中国七十二候之一,在日本属于杂节,在每年7月2日前后。

的话，乌冬的GI值约为85，而荞麦则只有54。

血糖飙升会导致胰岛素大量分泌。胰岛素在人体中游走，对脂肪细胞下达命令："现在血糖太多了，你储存点儿吧！"换句话说，胰岛素促使新陈代谢朝着发胖的方向发展。

在热量相同的情况下，最好吃GI值尽可能低的食物，这样就不容易发胖。因此，吃荞麦比吃乌冬更加明智。同是吃荞麦，狼吞虎咽比细嚼慢咽更加明智。因为如果不经咀嚼就咽下肚子，荞麦在肠道内需要的消化时间就更长，吸收也会放缓，即血糖值的上升变慢了。因而，对不想发胖的人而言，江户子的饮食方式是有一定道理的。

顺带一提，面包和土豆的GI值高达90~95，大米是70，糙米是50，黑麦面包是40，大体上与我们的实际感受相符。

荞麦还有其他好处。我在荞麦面馆中看见过好几回墙上贴着"荞麦富含芦丁"的海报。这家立食式荞麦面馆的墙上也贴着呢。芦丁的作用是预防高血压，强化毛细血管。芦丁究竟是什么？芦丁是一种黄酮类化合物，是荞麦属植物分泌的特殊化合物，具有抗氧化的作用。荞麦还蕴含着多种维生素。

这么看来，在各种方面取得压倒性优势的荞麦是健康食物。相较之下，乌冬就差得远了。

不过，乌冬也有好处——便宜。与乌冬粉（小麦粉）相比，荞麦粉在单位重量一致的情况下，小麦粉的价格是荞麦粉的三四倍。

既然如此，这家店如何实现将荞麦和乌冬定为相同的低廉价格？原因在于，这家立食式面馆的荞麦和乌冬看上去用的是不同的食材，实际上两者几乎没有差别。我不清楚一碗荞麦面中的荞麦粉含量。但我没有选择荞麦，也不曾品尝其特有的香味、口感和入喉感。荞麦就像是颜色略微发黑的细乌冬。如果想吃，就应该去真正的荞麦面馆，花钱吃地道的荞麦。

于是，我对阿姨说："请给我一碗炸牡蛎乌冬。"

Chapter 04 理科生活

环保汽车登场

我把车换成了环保汽车——新普锐斯。为了向乔治·奥威尔、村上春树和浅田彰致敬，我选择了1Q84作为车牌号。混合动力车刚问世时，我并不喜欢这种外形设计，至少是缺乏时尚感，不是那种会让小孩子凑近惊呼"呜哇——太酷了"的车。它显得矮矮胖胖的，侧面看上去像个饭团。不知从何时起，城市中随处可见混合动力车了，坐出租车也时不能打到。每次我都会问司机："这车好开吗？"答案无一例外是"Yes"。

"马力比我想的要强，也好操作，关键是特别省油，而且没什么噪声。"

哦，原来如此。

我最近也开始讨论环境问题，并向一本环保主题杂志投稿，为了亲身体验大家口中的"汽车的未来"，我也成了一名混合动力车的车主。经过四个月的等待，这辆普锐斯终于交付了。当看到它停放在我面前时，我感觉太酷了。车型虽有些许变化，但主要还是大家看习惯了，加上众口一词的称赞，这种外形设计也就得到了人们的认可。换言之，矮胖的车型成了环保汽车的新标志。这是一种独特的营销宣传。有人说世上的事情有90%都取决于外表，但我觉得未必。即使某种东西在既有的背景和传统意义上乍一看非常奇怪、异常，但如果持续宣传，让它反复出现在大众视野中，就会形成一种新的平衡，即新的动态平衡。这也许还算得上是一种充满善意的做法。瞧，人与人的相遇不也是这么一回事吗？

可当我实际坐在普锐斯的驾驶座上，又生出很多惊讶和困惑。首先，普锐斯没有钥匙，也就没有钥匙孔。以前把车钥匙插进去并转动，引擎随之发出轰隆隆的响声，这种汽车启动的感觉在普锐斯这里不复存在。取而代之的是，轻轻按下圆形按键，绿色的LED小灯就会亮起，感觉像在摆弄一台音响。当然，引擎振动声也没有了。像进出车库这种低速行驶的时候，电动机是唯一动力源。换挡时也不是生拉硬拽，而是轻轻推动即可，而且挡把始终会自动回到正中央的位置。"啊？这就能开了？"只需轻轻踩油门，汽车几乎不发出任何声响地向前行驶了。真厉害。

顺带一提，我认为"油耗"的概念已经过时，应该使用"碳排放量"作为环保指标。也就是说，与其关注一升汽油够跑多少公里，不如注重每公里排放多少克二氧化碳。这样更能够提升人们的环保意识。碳排放量的数值越低，对环境越友好。丰田官方宣布的普锐斯的油耗为每升38公里，反过来想，就是跑1公里需要耗费约0.026升汽油。化石燃料中的碳（主要是碳氢化合物）在燃烧时要结合两个氧原子，质量大约会变成三倍。0.026升汽油大约排放78克二氧化碳（依

Chapter 04 理科生活

照1升等于1千克粗略换算）。因此，普锐斯的碳排放量是每公里78克。如果是油耗为每升5公里的美国车，碳排放量是每公里600克。差别一目了然。美国车开上10公里，就会多排放6千克二氧化碳。

今后，我还将驾驶着爱车普锐斯1Q84做许多尝试，敬请期待后续报告。

乐活·螺旋

5月下旬的一个风和日丽的周末，我来到了新宿的御苑，参加乐活俱乐部和环境省共同举办的"2009年乐活设计奖"。我担当了俱乐部评议员。何为"乐活设计"？简单来说，就是将考虑到健康与环境可持续发展的生活方式，用设计的形式表现出来。该奖项设有人、物、事三个类别，参赛选手在现场展示海报和实物，最终通过投票选出获奖设计。

例如，"人"类别的候选者有马拉松选手高桥尚子。她正在策划一个"微笑项目"，将二手运动鞋送到非洲发展中国家的儿童手中，让他们能够安全地、自由地奔跑。另一位候选者是女演员小泉今日子，她有着很强的环保意识，她会选择自然的生活方式，从不和时间赛跑。她的爱车是普锐斯。还有社会活动家、"共同点"（Common Ground）项目的创始人罗珊·哈格蒂女士，她翻修了纽约时代广场的一间老旧旅馆，以低廉的价格供无家可归者居住，同时还从市长那里获得了一笔融资，为他们提供医疗保障和就业支持。

例如，"物"类别的每一件候选作品都可以看到实物。WASARA是非木材纸质餐具，既美观又环保，还能给人带来愉悦。LAKEN的便携式铝制保温杯，轻巧，外观很酷，配色也很漂亮，用它装满水随身携带，能够减少废弃塑料瓶和易拉罐。我还对Aquafairy公司研发的轻量纯氢燃料电池感到惊讶。人们一直认为，氢取代石油和煤炭成为新的能源，是实现低碳社会的关键所在。化石燃料在燃烧时会排放二氧化碳，但氢气燃烧时只会释放能量与水。这一想法是美好的，但问题是如何生产、储存氢气呢？如果不研发配套的基础设施，氢能仍旧是空中楼阁。那有没有可能，不通过大规模设备，先从我们生活中的机器入手，比如手机、电脑、音响、数码相机，来实现氢能社会呢？纯氢燃料电池做到了，它只有U盘大小，外形是黑色，有一个小孔，插入电池套管后，内部就会产生氢气而发电。这项技术的关键在于套管中的制氢催化剂。开发者笑着说："只要明白原理，其实就是个很普通的东西。"尽管学过化学，我还是想象不出来，只好期待它发布的那一天了。一看就是前途无量的发明。

在御苑的萋萋芳草地上，这些作品呈螺旋状陈列，人们称之为"乐活螺旋"。我们曾经以为资源是无穷无尽的，想用多少就用多少。哪怕会对环境造成危害，我们也乐观地认为只要稀释后再丢弃就行了。事实并非如此。这就好比本应被降低的风险最终酿成了次贷危机，让整个社会陷入瘫痪。另外，如果对大自然不加干涉，二氧化碳就会变回资源。换言之，祸兮福之所倚，福兮祸之所伏。乐活，就是这样一种从直线到循环的思维模式转变。

当我们用人造卫星拍摄东京的地表温度图像的时候，只有新宿御苑的温度比周围地区更低。这仿佛给东京带来了"凉岛效应"。许多年轻人和带着孩子的家长聚集在这里，在这个令人心旷神怡的地方，感受从直线到循环、从自我到自然。让我们稍微放飞思绪如何？在御苑中眺望耸立于森林彼方的 NTT Docomo 代代木大厦[22]，不就像在曼哈顿的中央公园远眺帝国大厦吗？

---

22 NTT Docomo是日本通信公司巨头，代代木大厦是东京最高的摩天大楼之一。

Chapter 04 理科生活

Chapter
05
解读
《1Q84》
的基因组

《1Q84》与
生物学家

2009年早春，一个消息传遍了图书界：村上春树写了一本大部头小说，将于初夏由新潮社出版，书名是《1Q84》。但除此之外读者一无所知，似乎出版方严密防止信息泄露。传言四起，有人说这部小说致敬了乔治·奥威尔描绘未来世界的小说《1984》，还有人猜测灵感来自《阿Q正传》，更有甚者断定小说主人公是个IQ仅有84的、患有学者症候群的天才。由此可见我们对村上春树有多么痴迷。

五月末，在没有校样本（正式出版前供给书店的白色封面样书）和宣传册的情况下，《1Q84》的第一、二部两卷同时被摆放在各个书店最显眼的位置。线上书店也接到了海量订单。各卷的首印都有数十万册，眨眼间就要售罄。我也立即买了一套，如饥似渴地读了起来。

书名《1Q84》的设计颇具匠心，就像古代遗迹上雕刻的文字。在封面正中央，隐约浮现出不知是地球还是月球的圆形影子。字母Q仿佛一颗发芽的豆子、一条缠绕自身的蛇。看到书名的一瞬间，我已经中了设计师的魔法。

小说的叙事采取了两个主人公的故事交替进行的形式，与《世界尽头与冷酷仙境》如出一辙。青豆是个冷静而坚强的女性，穿着一身利落的服装，1984年4月的一个午后，她坐着出租车行驶在首都高速三号线上，遭遇了严重堵车。车内的收音机播放的是雅纳切克的《小交响曲》。"您如果赶时间的话……"司机告诉了她一种非常手段。前方故障车停放区的铁栅对面设有紧急避难用的楼梯。青豆毫不犹豫地下了车，撩起迷你裙，翻过围栏。她现在要去杀一个人。

另一个主人公天吾是预备学校的数学老师。他渴望成为小说家。在新宿的一家咖啡馆里，他与一个吊儿郎当的编辑正在密谈。一个十七岁的美少女向文学新人奖投稿，文笔稚拙至极，但却有一种莫名吸引人的东西。编辑提议把目标放大一些，直接瞄准芥川奖，也就是说让天吾代笔改写。

从一开始，读者就被卷入故事的洪流中，仿佛被牵引着欲罢不能地读下去，但不久就戛然而止，因为忽然登场了一种不可思议的存在——小小人（Little People）。深夜，小小人从死山羊嘴里爬了出来，让人分不清这是幻想还是现实，也不知道它们是邪恶的还是善良的。它们只是"在我们的脚边挖啊挖"，彻底地利用我们，在失去利用价值后，又轻而易举地舍弃我们。青豆与天吾别无选择，不得不与小小人抗争。

小小人究竟是什么？这无疑是《1Q84》最大的谜团。想必它今后还会催生各种讨论和解释吧。我忽然注意到书中有这么一段话，"山羊也好，鲸鱼也好，豌豆也好，只要有通道"，小小人就能在任何地方现身。嗯？豌豆？对生物学家而言，只要提起豌豆，那就只意味着一件事——孟德尔遗传定律。豌豆中潜藏着某种东西能够决定豌豆的颜色和性状，它小到肉眼不可见。不仅仅是豌豆，一切生命都无法抗拒它的巨大力量。小小人或许就是它的隐喻？还是说，这只是我的荒唐误读呢？

小说与基因

小说中1Q84年的世界与现实世界有微妙的偏差，这里的天空中飘浮着两个月亮。在山梨县的偏僻村庄中诞生了一个庞大而封闭的宗教组织，它的教主在故事中登场。随后，神秘的小小人也出现了。我们无从知晓它是否拥有实体，也不知其善恶。它只是一种"在我们脚边挖啊挖"的存在。宗教组织的教主就是小小人的代理人，试图控制整个世界。两位主人公青豆与天吾不可避免地踏上了与小小人对抗的道路。二人的命运就此交织在一起。

小小人是什么？这是全书最大的疑问、最大的谜团。答案似乎留给每个读者去探寻。

作为读者中的一员，我想提出一种解释，当然，也许充其量算是一种假说（以下与小说内容相关，尚未享受原著阅读乐趣的读者或许略过下文为妙？）。

小小人，听起来似乎对应了奥威尔的《1984》中的统治者老大哥。然而，小小人并不像老大哥那样是个外部存在。

小小人能够把任何东西当作"通道"。前文引用的"山羊也好，鲸鱼也好，豌豆也好"这段话让我大吃一惊。

尽管肉眼不可见，却在我们之中隐秘存在，并且以无所不能的力量支配着人类，小小人将我们当作载体，彻底利用，等到利用价值耗尽时就会毫不犹豫地抛弃。

事实上，现实世界也有这样的存在，而且我们对其早已很熟悉。如今，这种支配着我们命运，并赋予其根本上的因果关系的存在，已经取代了老大哥，成为我们信奉的对象。这就是基因。当然，基因本身只不过是物质。但如果我们将微观的基因拟人化，它确是将万物作为通道，无处不在，行事上遵循彻底的利己主义原则，将世界与我们置于其支配之下。它们的终极目的是自我复制。换言之，母亲不必求助他人，依靠克隆来复制她的女儿。小小人与其制造的"空气蛹"不就是这样的隐喻吗？

然而，青豆提出了这样的疑问："如果我们只是基因的载体，那为什么我们中的许多人都不得不过着奇奇怪怪的人生？"

或许，这就是这部长篇小说的意义所在。我们可以把基因视为内在的支配者，并且顺从它先天的决定。从某种意义上说，这甚至是一种轻松的人生。但这仅仅是从我们的内在中寻找一个本应存在于外部的老大哥。不过，我们之所以把基因视为决定性的存在，也不是因为事实如此，而是因为我们宁愿这样相信。也就是说，我们想要逃避自由。

为了抵抗小小人的甜言蜜语，为了与它们势均力敌，我们最终不应该将自己的命运托付给任何东西，无论是外部的还是内在的。我们的故事只能由我们自己来讲述。那里蕴藏着新的价值和可能性。换言之，《1Q84》就是村上春树本人的宣言。小说的目的在于阐明"讲故事"这件事本身的意义。这是我对于这本书的解读。

夏空的日食

大家看了2009年7月22日的日食吗？虽然太阳被月亮遮蔽的情况时有发生，但随着日月重合的程度和时间不同，在地球上观测到的日食也有所差异。这是因为地球和月球都沿着椭圆形轨迹运转。另外，观测地点也会产生影响。就这次的日食而言，在奄美大岛及其周边地区能够观测到月亮与太阳完全重叠，也就是所谓的日全食。全食持续六分半钟以上的时间，在现存的历史日食记载中也是最久的。

但俗话说，人外有人，天外有天。如果登录美国国家航空航天局（NASA）的网站，你会发现一份"五千年纪"日食目录，记载从公元前1999年至公元3000年间的已经发生的和将要发生的日食的情报。持续时间最长的日全食达七分半钟，将会在2186年7月16日发生，可以在南美洲圭亚那海岸观测到。我和读者们都无法目睹。人生苦短，宇宙悠长。

1919年5月29日，就像这回的日全食一样，有个人也在满心期待地等待日全食的发生。只不过，他想要看的是星星。

白昼的天空中看不到星星。因为太阳太亮了，最多只能在黎明和黄昏时看到启明星，也就是金星。但是在日全食发生时，太阳被月亮遮住，天空变得昏暗，这是我们唯一有机会在白日看到星星的机会。

不过，科学家亚瑟·爱丁顿（Arthur Eddington）想看的不是普通的星星。他想要看到太阳内侧的星星。当然，即使月亮遮住了太阳，光线变得暗淡，太阳内侧的星星还是看不见才对，但如果星星处于太阳内侧的边缘处，是有可能看到的。这颗星星发出的光几乎完全被太阳遮挡，无法抵达地球。不过，若是有少许的星光掠过太阳边缘，就会被太阳巨大的重力所弯曲，从而能够到达地球！这一现象将证实爱因斯坦的预言"光是粒子并受重力影响"。也就是说，根据爱因斯坦的理论，在日全食发生的时候，本应位于太阳内侧的星星将会在稍稍偏离太阳的外侧位置被观测到。爱丁顿想要证明这一点。

他在高性能望远镜上搭载了一台相机，来到西非沿岸的普林西比岛，在这里可以观测到日全食。不凑巧的是，那天正好是个阴天，但日全食还是如期而至。他在那几分钟里不放走任何机会，疯狂地按下快门。"成功了吗？"星星被完整拍了下来。偏离的角度符合爱因斯坦的理论。他的这次观测完美地验证了广义相对论的正确性。

数十年后，科学史学者们重新审视了爱丁顿拍摄的照片。你猜怎么样？——每一张照片都非常模糊，显然存在相当多的误差因素。照片中星星的偏离角度说小也好，说大也行，都解释得通。之所以星星的偏离角度符合爱因斯坦的理论，只是因为广义相对论早已存在。这就是这么一回事。我们并不会虚心坦怀地看待事实，我们只会看到自己想看的东西。日食的新闻让我再次想到了这一点。我带着自省的心态回想起了这个故事。

　　说起来，我最敬爱的女歌手是元千岁。她最近要在老家奄美大岛的纪念活动上演出。当日全食发生之际，这位犹如现代萨满的民谣歌者的歌声，想必将在夏日的天空中久久回荡。真想听一听呀。

自杀事件激增的
真正含义

有这样一个精心制作的网站，屏幕上有三处空白栏，访问者可以输入自己"房间"的长、宽、高，网站立即会出现计算结果——每种药品的用量比例，还包括记有需要准备的容器和胶带等物品的图解清单。点击按键还能打印出一张贴纸，上面写着：有毒气体生成中。

近来，使用硫化氢自杀的人数迅速增加。据报道，2008年1月至5月，共有517人吸入硫化氢自杀，而2007年全年的这一人数只有29人。警察厅发现有人在互联网上散布用市面上买得到的药品制造硫化氢的方法，这些帖子将被认定为"有害信息"，警方要求网络服务供应商予以删除。这种自杀方法在《完全自杀指南》[23]里都不曾写到，非常简单。制造硫化氢涉及的化学方程式甚至还写在初中、高中教科书里。硫化氢的作用与氰化钾相同，能够瞬间麻痹人的呼吸系统。硫化氢会发出"鸡蛋腐烂的臭味"，只要不是在泡温泉，如果闻到这种气味，就要立刻逃离现场，因为它会使嗅觉变迟钝，让人无法察觉危险的来临。

然而，我们不应被自杀手段的特殊性吸引注意

23　《完全自杀指南》是1993年出版的客观记录各种自杀方法的书，销量达百万册。

力，更重要的问题在于自平成十年（1998）以来自杀人数急剧增加，我们必须思考这件事背后的含意。长期以来，日本每年自杀人数在两万人左右，但这一年后突破了三万人，并且连续十年都保持了三万人以上的数字。这是日本的统计史上前所未有的情况。而且主要是男性自杀者增加，女性自杀者人数变化不大。现在，日本的自杀者中有70%是男性。

为什么男性更容易寻短见呢？内阁府在自杀统计数据中提供了几项重要分析（顺带一提，内阁府设置了专门探讨自杀问题的"自杀对策推进会议"，我一时间搞不清楚"推进"的是什么）。最常见的自杀动机是"健康问题"，占据总人数的50%以上，但"抑郁症"也被算在里面。自杀者最常选择在星期一。自杀率与失业率紧密相关。第二次世界大战后，日本曾经出现过三次自杀人数激增的顶峰，分别是昭和三十年（1955）前后、昭和六十年（1985）前后，以及平成十年（1998）以后。按照出生世代（学术名称叫作出生组）统计，这三个时期中的自杀者大多来自"软弱的一代"，即在昭和元年至十五年（1926—1940）出生的人。他们是更容易受到社会变迁造成的影响的一代人。昭和三十年（1955），在战前出生的他们大都还是青少年，与日本一同经历了价值观的巨大转变。那时候，各种毒品在街头巷尾流传蔓延。昭和六十年（1985），当他们进入壮年期，又赶上了日元升值导致的经济衰退。等进入平成时代，他们即将退休，却又要面临一个前所未有的高失业率时代……

不过，这些说到底也只是对统计数据的趋势分析。个体死亡的意义是完全不同的。我在大学时代也失去过一位好友。有一天，大家发觉很久没见到那个人了，不安的空气在众人间蔓延。数日后，在京都北山深处，他被发现时已经面目全非。葬礼在大学附近的一间寺庙匆忙举行，那是个冷雨潇潇的下午。

后来，我得知他还留下了一盘录音带。有人问我想不想听，但我实在做不到。我害怕听了以后会发生什么。那时，我们每个人都假装继续过着无忧无虑的校园生活，但实际上，所有人都屈身走在没有地图的道路上。谁都没有注意到那是一条狭窄而脆弱的山脊。留下的人不应该谈论逝者的死亡。我想起了高桥和子[24]的话："沉默是面对死亡的礼节。"

24　高桥和子（1932—2013），小说家，代表作有《直到天空尽头》《诱惑者》。

金印的由来

据说，国立教育政策研究所进行了一项关于"小学生对日本历史人物的了解程度"的调查，卑弥呼以99%的正确率高居榜首。不过问题也很简单："邪马台国的女王是谁？"正确率高也理所当然。说起来，某所大学的入学考试出过这样一道题："金印的发现者是谁？"这里所说的金印并非《魏志·倭人传》[25]中出现的卑弥呼金印，而是在各种历史教科书中定会刊登照片的"汉委奴国王"金印。这是比卑弥呼更久远的古代，也即公元1世纪中叶的汉朝下赐日本之物。正确答案是"在江户时代由博多地区的农民甚兵卫发现"。文春读者见多识广，想必有很多人都知道。[26]但这实在算得上是埋藏在历史角落的冷知识。即便是那种内容翔实的日本史教科书，这一知识点似乎也是写在正文之外的拓展栏里，这么出题也太刁难考生了。关于这枚金印，明明还有很多更加激动人心的、值得探寻的问题。我是理工学部的教授，日本史的考题轮不到我来出，但如果让我设计问题，我会这么问："请回答，这枚金印如今存放于何处？"

25　《魏志·倭人传》是日本对于《三国志·魏书》的"东夷传"中〈倭人〉条目的通称。

26　本书是作者在《周刊文春》杂志上连载的随笔结集，故有此言。

甚兵卫发现的这枚金印目前保存于福冈市博物馆最显眼的玻璃柜中，所有人都可以参观。这是毫无疑问的国宝，边长23.5毫米，重达109克。时至今日它依然璀璨夺目，毫无褪色。想要体验金印重量感的人可以在文创商店买到原尺寸大小的复制品，放在手中感觉沉甸甸的。据说，金印在历史老师群体中颇受欢迎，他们会买回去向学生展示。只不过复制品并非用真的金子制成，而是黄金色的合金，含税价格是3675日元，全国包邮。

这枚金印是1784年甚兵卫在志贺岛务农时从地里挖出来的。他预感到这是一件无价之宝，就上报给当地衙门。黑田藩学者龟井南冥根据印章上篆刻的内容立即判断出，这枚金印就是《后汉书·东夷列传》中记载的"汉委奴国王"印。这也令他声名鹊起，人们无不钦佩他的惊人博学和慧眼独具。这枚距那时1700年的金印就这样出土了。南冥也凭此功绩而稳坐黑田藩校馆长的宝座。金印在黑田家世代相传，后来捐赠给了当地博物馆。

只不过……

有种说法认为金印是赝品。三浦佑之为此写过一本《金印伪造事件》(幻冬舍，2006)。龟井南冥断定金印的故事进展得太顺利了。汉朝赐予位于九州岛的委奴国的金印为什么会在志贺岛上呢？三浦认为，这枚金印是南冥组织身边的篆刻家、铸件师等专业人士伪造出来的。他策划了整起事件来击败竞争对手，抬高自己在黑田藩的地位。

这么说起来，这枚金印在地下埋藏多年，却没有任何伤痕和污垢，蛇纽的设计也不尽如人意，就连甚兵卫其人是否存在都显得可疑。后来，南冥在黑田藩突然失势，也很耐人寻味。

阴谋论本来就容易引人兴致，加上三浦这部著作的推理极其严谨，读之兴趣盎然。

其实，如果从科学的视角来看，这场争论很好解决。只需要在金印上某个不起眼处削下来极小一部分，对其进行精密的元素质量分析和同位素分析，然后与在中国发现的金印以及日本产的黄金成分进行比较，即可确定金的来源和年代。只是，"汉委奴国王"金印属于国宝，自然是无法这么做的。

实际上，还有另一枚金印尚不知所终，那就是卑弥呼获赐的"亲魏倭王"金印。如果能找到它，邪马台国争论也就水落石出了。对此，我其实也有一个假说……

卑弥呼的墓？！

在一个晴朗的午后，我伫立在这座大陵墓前，被它的巨大所震撼。陵墓的长度将近三百米，高度约有三十米，犹如一座小山，但它的形状显然出自人工。陵墓前方后圆，整个区域被深绿色覆盖，四周是昔日壕沟的遗迹，两旁是宽阔的池水，水面上泛着细细的涟漪。一想到在此地安眠的那位死者，我不由得心情激动。陵墓周围设有栅栏，正前方立有宫内厅的告示牌：禁止入内。不过这里没有门卫，附近虽然有几户人家，却也人迹罕至。从栅栏空隙可以看见一条细径，通往陵墓的深处，仿佛会将人吸进去似的。

这里就是著名的箸墓古坟。从奈良乘坐樱井线向南出发，经过天理，在一个名为卷向的小站下车，步行一小段距离，就能看见在平坦的田圃中赫然出现的古坟。宫内厅认定这座巨大的前方后圆坟不是天皇陵寝，更可能是皇室成员的墓所，但墓主人的身份仍待考察。

《日本书纪》中记载了这样一个传说：倭迹迹日百袭姬命是具有神秘灵力的巫女，侍奉崇神天皇。某夜，神明在梦中告诉她，自己将进入她的梳妆匣，让她不要对自己的身形感到惊讶。翌日早晨，公主对这个怪梦百思不得其解，打开梳妆匣，发现里面有一条美丽的小蛇。公主意识到了自己的冒犯，就用筷

　　　　　　Chapter 05 解读《1Q84》的基因组

子插入身体自杀了（《日本书纪》的描述更加露骨）。这就是"箸墓"一名的由来，据说被埋葬于此的正是倭迹迹日百袭姬命。然而，即使崇神天皇在历史上确有其人，其生活的时代也是公元前，很难想象当时能修建出这种前方后圆坟。

或许，更耐人寻味的地方在于，传说箸墓古坟的主人是女性。自古以来就一直流传着"箸墓就是卑弥呼之墓"的说法。我也希望这个假说是真的。然而，古坟时代开始于公元3世纪末、4世纪初，与卑弥呼生活的时代相去甚远。箸墓是非常早期的前方后圆坟，也就不可能是卑弥呼的墓了。人们长期以来都这么认为。

然而，1998年秋天，一场台风袭击了这里，箸墓的树木被连根拔起。人们在那里发现了许多不同寻常的土器碎片。此前一直拒绝对陵墓进行任何挖掘的宫内厅，也开启了对这些碎片由来的调查。这些土器是吉备地方的特产，据推测制作于公元2世纪下半叶至3世纪之间。这恰好就是卑弥呼的时代。另一方面，根据树木年轮测定年代的技术方法逐渐精密化，将古坟时代的开端推前至3世纪中叶。这恰好又与卑弥呼逝世年份（248年前后）重合。

如果能够挖掘研究箸墓，说不定，《魏志·倭人传》中提到的"亲魏倭王"金印就作为随葬品在石棺之中！若是如此，邪马台国的位置无疑就在京都附近的畿内地区。于是我特地询问了"历史万事通"的矶田道史先生（名著《武士的家用账》的作者），他说《魏志·倭人传》中还有另一处重要记载："卑弥呼被赐予了大量的'真朱'。"所谓的真朱，是一种朱红色水银化合物，在当时极为珍贵。想必卑弥呼的遗体就浸泡在真朱之中。

我又绕着箸墓走了一圈。一闭上眼睛，石棺打开了，燃烧的朱光流溢而出。低头一看，脚边有一块拳头大小的白石闪闪发光。为什么这里会有大理石呢？或许这是修葺古坟斜坡的大理石碎块？我轻轻拾起它，不承想，这颗石头在掌心中意外地重。

Chapter 05 解读《1Q84》的基因组

铅字的未来

拙著《生物与非生物之间》始于纽约。起初，我并不是自我陶醉想要写本书，而只是想用文字记录下自己学术生活的出发点。在曼哈顿东北部，游客不会涉足的偏远而安静的街区，坐落着一间古老的研究所。当时，已经成为博士的我在日本找不到工作，只好用蹩脚的英语写了几十封求职信。只有这里愿意接受我这样一个来历不明的东洋人。事不宜迟，我把随身的行李塞进一个行李箱，搭乘当时最便宜的大韩航空的班机，在安克雷奇中转，最终抵达美国。漫漫长夜将尽，初夏的风吹遍整个纽约。

研究所有一栋被爬山虎覆盖的砖楼，我配属的研究室在五楼，室内小窗下就是湍急的东河。对岸是皇后区鳞次栉比的仓库和工厂。满载乘客的观光船每日在河面上来来往往。我从前总是站在船头惊叹于曼哈顿的摩天大楼，现在，我却在曼哈顿眺望游船。这样一桩微不足道的事，也让我心底有所触动。

观光船从曼哈顿西的面向哈德孙河的码头向南出发。一边远眺自由女神像，一边绕回世贸中心曾经所在的曼哈顿南端，驶入东河，向北溯流而上。沿途会经过纽约的一系列地标性建筑，勒·柯布西耶设计的时髦的联合国总部大楼、具有装饰艺术风格尖顶的克莱斯勒大厦、外形好似一块被切开的白色羊羹的花旗集团中心，以及高耸入云的帝国大厦……

我将字里行间写满了怀念的手稿交给编辑部，不久就收到了一份返还的校样稿。稿子第一页赫然贴着曼哈顿地图的打印件，上面用马克笔标注了每座建筑的位置。我丈二和尚摸不着头脑的时候，看到了一条批注："游览顺序有误。"

这条批注是校对员写的。后来我才知道，各大出版社都会举行特别考试聘用专门的校对员。他们在出版社大楼里独占一层，负责审阅出版社刊行的所有稿件。校对员需要有渊博的知识。对校对员而言，能给《广辞苑》挑错具有无与伦比的乐趣。如果去参加汉字能力检定考试，想必也是名列前茅。不过，他们最特别之处在于"视角"，或者说在于视角的深度。校对员不像作者那样自我陶醉，也不像编辑那样善于交际。校对员是读者的代表，却不允许自己沉浸于故事里，但也并非只是检查表面上的错别字和表述不统一。不能过度深入，亦不能浅尝辄止，校对员就像熟练的钓师，在保持一定深度的同时，在水中寻找鱼群的所在。

这位校对员的批注是正确的。当乘坐观光船时，33街上的帝国大厦要比42街上的克莱斯勒大厦更早出现，而联合国总部大楼则会更晚出现。但是我思来想去，为了不损害行文流畅，我还是决定保持原样。不过这种沟通交流非常重要。眼尖的读者或许会指出这一错误，为此，我更要这样写了。这就是我的心路历程。

　　正是作者、编辑、校对员付出的这些心思，支撑着铅字的未来。

昆虫迷 · 铁道迷 · 书迷

　　新书出版后，作者通常需要自己"营业"。现在这个时代，不是书写完就了事了，那样肯定没法大卖。当然，说是营业，也不是什么大不了的工作。充其量就是举办演讲、签售会之类的活动，或者给各大主要书店写附上寄语的彩纸或者展示牌。虽然我以前就爱逛书店，不过像这样以作家的身份到访书店，与书店的负责人交流，倾听读者的意见，这都是我前所未有的经历，也非常有趣。这种心情就像看完一出戏剧之后，被特别允许去后台参观一样。每一家书店的独特"色彩"是由那些书店店员描画的。

　　某个周末，我去名古屋宣传新书。我先去了位于车站百货大楼高层的三省堂（名古屋高岛屋店）。宽敞的店面，美观的陈列，我一本接一本地签将要摆放在店头的签名本，还要在落款盖上篆刻家朋友为我特别制作的印章，刻的字是"动态平衡"。大功告成，我才得闲下楼走走。名古屋素来以地下商业街闻名。热闹非凡的长廊旁边有窄得仅容一人的电动扶梯，可以沿此处继续下行。同在这座车站百货大楼内，还有另一家三省堂（名古屋车站店）。店内的氛围感稍有不同。说不出为什么，这里飘荡着我喜欢的"气息"。不过，这家店不是我钟爱的"虫系"风格，而是"铁系"风格。

书店门口的货台上，封面朝上堆放着名古屋铁道电车Panorama Car的大开本写真集。流线型的红色车身引人注目。其上"面陈"的是一张时刻表。所谓的"面陈"，就是将封面朝向正面陈列。这是只有畅销书才能享受的待遇。令人惊叹的是，这不是一张普通的时刻表，而是每年初春发行的货物列车时刻表。所有的时刻表都精心地用塑料袋包好，袋中还有几张折叠存放的时间—距离图（用交叉的斜线标记列车运行情况的图表）。在铁道电车爱好者当中，有很多人几乎把所有精力都倾注于拍摄铁道电车上，他们被称为"摄铁师"（实际上，热衷于乘坐电车的人则叫"乘铁师"，此外，还有收集车票和入场券等各种小众爱好）。他们简直视这些图表为生命，在铁路桥梁和铁轨弯道处做好准备，在精确到秒的时间里拍摄驶过的列车。

在我看来，少年从小就分成了两种类型，一种被昆虫、鱼、恐龙等生物吸引，一种则倾心于铁道电车、飞机、机器人等机械。不过，我觉得两者在本质上是一致的。无论生物还是非生物，在外观、样式、颜色和光彩上所体现的美感总是让我们欲罢不能，进而想要详细地调查、记录关于它们的一切。

书店的负责人告诉了我这家店从何时起变成了这种风格。大概是因为某本铁道电车题材的书籍卖得特别好，连带着同类型的书也热卖，从而吸引了越来越多喜欢这个类型的读者。说到名古屋，那就不得不提

"名铁"了。据说，当地有个铁道爱好者叫古池直之，他自费出版的写真集《我的Panorama Car》在这家书店热销了数百本。毕竟是自费出版，自然也没有分销商。每当有人来书店订购，古池先生就会亲自到店里送书。这本书特别抢手，目前已经绝版。多么美妙的故事，这正是我们所需要的书店。

我认为现在日本的书店变得太过标准化了。大热的畅销书能够保证销量，使得各家书店的店头摆放的都是同样的书。昆虫迷、铁道迷，以及书迷，他们真正想要寻找的是《我的Panorama Car》这样的书。也正是这些独具风格的书店培养了这些爱好者。

翻动书页
的感觉

我的朋友牧原出先生（政治学家）向我展示他新买的Kindle。这是网络书店亚马逊刚开始在日本发售的一款电子阅读器。它比新书[27]的开本大一号，重量也和同尺寸的纸质书相差无几。打开电源，灰色的屏幕上浮现出黑白文字，设计非常简约。

Kindle上的"书"是通过电波购买的。Kindle本身具有通信终端功能，可以利用手机网络下载书籍。无须买电信公司的手机套餐，也不收取通信费用，非常便利。唯一的费用是买一本电子书大约10美元（Kindle本身的售价是259美元）。目前，Kindle还不支持日文，只能用来读英语书刊。牧原先生主要用它读古典著作和外国报纸。

我拿在手上把玩了一会儿，左右边缘有按钮，可以用拇指按下翻页。反应很灵敏。这还真不错。在电脑上阅读文字时，最大的困难就是不知道页面滚动到哪里去了。

在这一点上，纸质书的文字是写在书页上的，所以读者可以一页一页阅读和记忆。上一页写到的话题，下一页出现的修辞，读者都可以随时翻阅找到。

27　新书，日本出版物的形式之一，均采用新书开本（173mm × 106mm）。

事实上，一定量的文字被"打包"进一页纸，这是对阅读体验而言至关重要的一点。

也就是说，文字"被拆解"就意味着"理解"。我们的大脑一次性输入的信息量是固定的，入口处的箱子装满后就要搬到后面去，有的被长期储存，有的已被废弃。空了的箱子再次被放回入口。如果将大约一页纸的信息量装入这个箱子，对我们的大脑而言是轻松的，容易理解的。电脑屏幕上显示的信息没有分界线，也就没有"打包"，大脑也就会困惑：箱子装多少搬进去合适呢？于是，就会出现读了再多也像白读的情况。

Kindle 称得上是划时代的阅读设备，因为它是逐页划动，而非滚动。

然而，至此我不禁有了新的疑问。

"打包"的信息更容易理解，这有可能不是人类认知的固有问题，而是近代教育或者学习方式的问题。或许只是因为，我们是通过书本来学习的，所以才产生这种感觉。

我在大学教书的日子里，不知从何时起，已经看不见学生查词典了。我至今还会用研究社出版的"黑砖头"——《读者的英日词典》(Kenkyusha's English-Japanese Dictionary For The General Reader) 查单词，不查一查，始终放心不下。但现在的学生都是打开电子词典，噼里啪啦地敲起来，看得我一头雾水。

然而，这说到底只是我们上一代人的观点。对未来出生的孩子们来说，电脑、互联网和手机都是理所当然的存在。在他们眼中，这些都不算高科技，当然，也不是低科技——既不过时，也不先进。对他们而言，掌握这些就和学习母语一样轻而易举，这就好比无论在任何语言系统中，学习母语都像干沙吸水一样容易。这就是大脑的灵活性。因此，无论是纸质书，还是滚动屏幕阅读，在各种链接页面中穿梭往返，对未来的少男少女们来说可能都不会有什么不同。不过如此一来，纸张的触感和翻页的感觉，可能会消失在我们这一代。

Chapter
06
我
为什么
是"我"

含我率

我是在一次庆功宴上认识川上未映子女士的。她是当下炙手可热的新晋芥川奖得主。据说，她有张身穿迷你裙，双手捧腮，蹲在地上的海报被人偷走了（顺带一提，这张照片是在文艺春秋出版社的地下停车场拍摄的）。川上女士在创作芥川奖获奖作《乳与卵》期间被软禁在文艺春秋的执笔室内。不过，她也经常溜出去，到附近的星巴克看闲书消遣。这无疑是典型的逃避行为。她说当时读的书中就有拙著《生物与非生物之间》。基于这层因缘，我才被邀请参加聚会。我出于好奇心立马就来了。

川上女士的言谈举止极有分寸，完全不像个新人作家。歌手、诗人、陪酒女、牙医助手……或许是迄今为止的丰富经历造就了现在的她。看到我坐在角落的沙发上发呆，她亲切地紧挨着我坐下，仿佛在说"好久不见"——尽管我俩是初次见面。不愧是出身于北新地 28 的人。不过，我是生物学家，对这些事并不在意。

撇开这些不谈，令我印象深刻的还是她上一部小说，书名很古怪，叫《牙齿或世界里的含我率》。

女主人公的工作是给牙医当助手。牙医的躺椅的

28　北新地，位于大阪市的著名欢乐街。

形状像人的舌头。在这条舌头上睡着真正的人，张着嘴，里面也有舌头、牙齿……她每日观察患者的口腔，想象着里面会像俄罗斯套娃一样还有另一张嘴。这样的牙医助手太危险了。但这应该是川上女士的亲身经历。

最终，女主人公相信"我"就存在于后槽牙里。

在今天，我们通常认为"我"存在于大脑中，或者把"我"称为心灵，或者叫作自我意识。我、心灵、自己，被限制于大脑内。我感觉到什么，心灵发生动摇，以及想要实现自己，这一切都是大脑制造出的某种幻象。

这就是关于"我"的大脑功能定位理论，它带来了脑科学研究的空前繁荣。

不过，川上女士富有哲学意味地宣称："你无法证明这一点。"

的确如此。自我是否会随着大脑失去机能而消失，这是现代最尖端的生物学也无法实验证明的事情。即使摘除实验动物的大脑，依然无法测定动物的"我"是否消失，更遑论人体实验了。我们也不可能取下自己的脑子，看看会发生什么。

因此，川上女士说，"我"存在于后槽牙里又有什么不好呢？含我率100%的牙齿。如果对象是牙齿，可能还有办法做实验呢。实际上，在小说的最后，主人公为了确认这一点而想要拔掉自己的牙，而且不打麻醉。她只想看看"我"是否真的会消失。

科学做不到的事在小说中轻而易举地实现了，并且对大脑功能定位理论所宣称的"'我'是大脑制造的幻想"嗤之以鼻。大脑功能定位理论完全无法说明任何东西。没错，这就是她想要表达的。脑研究热潮终于要告一段落了。干得不赖，川上未映子。

拓扑感

甜甜圈和咖啡杯是相同的形状，但甜甜圈和裤子是不同的形状。这样看待世界的感知被称为拓扑感。假设甜甜圈是由黏土这样可以随意变形的材料制成，那么，我们只要将甜甜圈本体部分的黏土揉在一起，形成杯子的形状，然后把甜甜圈中间的洞拉成咖啡杯的手柄，于是，甜甜圈就变成了咖啡杯。然而，黏土做的甜甜圈无论变得多么薄、多么平，它都做不成一条裤子。为了让两条腿穿进去，就必须再开一个洞。将甜甜圈掰成两半，或者两条腿从一个洞里穿进去，都是违反拓扑学原理的。无法用这种方式创造的两个事物在拓扑学意义上是相互对立的。

换言之，拓扑感就是空间想象力。那么，站在拓扑学的角度，我们人类是像甜甜圈、裤子，还是什么别的东西呢？

我现在在吃饭。米饭在口中咀嚼，依次进入食道和胃。消化过程在小肠进行，消化不掉的东西就经由大肠，通过肛门排出体外。食物在人体里经过的路，就像一个深邃无底的洞。这个洞通过嘴或者肛门与外界相通。换言之，我现在吃下的米粒，就等于往甜甜圈的洞里扔。

换句话说，从拓扑学来说，我们人类就像中间有个洞的甜甜圈，或者说更像是竹轮。吃到肚子里的食物其实并没有真正进入我们的身体。当食物进入消化道的时候，就等于进入竹轮的洞中，仍然是在身体的外部。

我们的身体还有其他哪些洞呢？实际上，大部分都是"死胡同"。比如说尿道，顺着尿道可以到达膀胱，膀胱又通过输尿管与肾脏相连。但是，这里就是通道尽头了。肾脏中的血管会渗出多余的水分和代谢废物，经过过滤之后形成尿液。

换言之，尿路就好比用牙签插进竹轮而形成的细孔，只要孔没有打通，那在拓扑学上讲，竹轮就还是竹轮。人体有很多类似的孔，汗腺、泪腺的构造也是这样的细孔，只不过渗出的是水分。眼睛和耳朵的内部同样是死胡同，女性的子宫也是如此。

"那么，鼻孔呢？"好问题。这个例子足以使我的"人类就是竹轮"理论出现破绽。

鼻孔不是死胡同，它的另一端是开口的，与消化道相连。只要存在一个这样的洞，人体在拓扑意义上就不能与竹轮画等号了。如果我们取一个鼻孔，加上一个消化道的开孔，那就有了两个洞，就可以通过巧妙地拉伸、变形，把人变成裤子。实际上，人体上还有很多类似的细小通道。耳洞内部的细小通道也是开放的，通向口腔。正是有了这个洞，才能使鼓膜内外保持相同的气压。即使在水下或者坐飞机的时候，也可以用"清耳"的方法来排出耳内空气。内眼角也有两个小洞，它们会汇合成一条通道，连接鼻腔深处。当人悲伤流泪的时候，鼻子内部会感到刺痛，就是因为眼泪顺着这条通道流了进来。人类在进化的过程中，冥冥中得到了这个好用的小洞。与其说人是一根会思考的芦苇，不如说人是一根会思考的管子。

"脑诞生"问题

每个生物都在拼命逃避追捕。追捕者试图抓住生命，彻底破坏它的秩序，让温热的血流变冷，让所有的循环终止。追捕者的名字叫"熵增定律"。闪耀的光芒终有一天会熄灭，支柱和横梁终将朽烂，所有的激情最后都会消退，井井有条的书桌很快会堆满书籍和文件。随着时间流逝，一切都会变得越来越混乱。任何生物都无法逃避这一宇宙法则。然而，生物只有抢在熵增定律之前，不断进行自身的破坏与改造的循环，才能够维持自己的生命。在我们的身体内部，时刻毫不松懈、不知疲倦地完成这一任务的，是构成人体的每一个细胞。托它们的福，我们才能活过几十年。但是，熵增定律终有一天会赶上它们。生命的旅程于是画上终止符——这就是死亡。

如果我们在最严格的意义上定义生物的死亡，那么，死亡意味着构成我们身体的数十万亿个细胞都停止活动。这在时间上要远远晚于传统意义上判断死亡的三大特征——停止呼吸、停止心跳和瞳孔放大，因为细胞在氧气供应停止后还能存活一段时间。

自从将脑死亡确定为人类死亡的指标之后，已经过去了十几年。这是由谁决定的呢？日本的器官移植相关法律规定，脑死亡者的身体属于"尸体"的范畴。也就是说，人们规定的死亡要比生物学意义上的死亡提前很多。就像这部法律的名称所示，这么规定的意图是推动器官移植。人们想要从尸体中取出大量还活着的细胞。

话说回来，其实我更担心的是另一个问题：人是什么时候诞生的呢？明显不是在所谓的"生日"，毕竟婴儿已经在母亲的腹中生活了很久。那么，生命的出发点在哪里呢？就细胞是否存活而言，卵子和精子都是活细胞，但还远远称不上是"人"。不然的话，夸张点说，男人每天都在犯下数不清的杀人罪行。看来，一个被选中的卵子与一个被选中的精子结合，一个新的生命程序启动的时刻，即受精的时刻才是人类作为生物的出发点。

然而，正如人类死亡的定义没有那么简单，人类诞生的定义也不是这么简单的问题。今后肯定还会争论不休，比如，如果我们将脑死亡视为人类死亡的时间点，那么出于逻辑的对称性和一致性，人类诞生的时间点应该就是"大脑的诞生"。

从"脑死亡"与"脑诞生"的角度来看，受精卵显然不是人。受精后二十天左右，细胞分裂不断进行，神经系统具备雏形；第二十四周至二十七周间，大脑神经网络开始形成，并且出现脑电波。所谓的"意识"就是在这之后产生的。就像脑死亡将人类的死亡提前了一样，大脑的诞生在定义上也将人生的起点延后了。但这有什么必要呢？道理就像脑死亡与器官移植的关系一样。既然在大脑形成之前，受精卵以及细胞分裂形成的胚胎还不算人，只是一堆细胞，那么，它们就可以被用于各种再生医学了。

实际上，我们所信仰的尖端科学技术并没有延长我们的寿命，反而在从起点与终点的两头来缩短我们生命的时间。

日本最贵
的房租

坐电车的时候，我听到了年轻人之间的对话，似乎在谈论自己住的房子。"你住哪儿？""××站。""房租多少钱？""单间，每月十万日元。""唔，有点贵呀。""看地段了。"我在东京、京都、纽约和波士顿等地都住过，不过在城市里居住，房租贵总是个让人忧心的问题。

特别是在美国的大城市，房屋的条件和房租几乎是正相关的。但凡房租有点便宜，房子就一定有什么问题，要么是个半地下室，采光极差；要么没有淋浴，或者经常停水；要么附近治安差……刚入职的研究人员的工资都非常低，所以通常一半的钱都要拿来交房租。

现在，我要交高得吓人的房租。每坪[29]单价高达三亿日元。单人公寓通常是五到六坪，月租十万日元的房子，每坪单价就是两万元。即便是市中心最繁华地段的写字楼和高档公寓，每坪单价也鲜有超过百万日元的。

不管我的书卖出去多少本，也不可能负担得起这么高昂的租金，何况还要交税。这里面有一点数字上

29　坪，日本古代尺贯法的面积单位，约合3.306平方米。

的文字游戏。我之所以能租赁每坪三亿日元的房屋，是因为只租了极其狭小的一块地，长两厘米，宽两厘米，大约是一坪的一万五千分之一。月租两万日元。租这么小的"屋子"是用来做什么的呢？这间房屋的温度是零下196摄氏度，浸泡在液氮之中。房屋中放着一个塑料小试管，里面静静沉睡着小鼠的受精卵。没错，这间屋子就是受精卵冷冻保存的场所。

我们使用实验小鼠来进行基因操作，比如基因敲除小鼠。这需要耗费大量的时间、精力和经费，但只要操作成功，性状就会在小鼠后代中代代相传。因此，我们必须精心培育，确保小鼠的血脉不会断绝。每日在冷暖气完备的动物房中饲喂小鼠，让它们交配、繁衍。实验鼠的别名叫"二十日鼠"，因为其妊娠期只有二十几日。小鼠数量呈几何级数式地增长，但实际情况没有这么简单。毕竟对象是人以外的生物，非常棘手。小鼠在交配这件事上也是有好恶的，甚至还有母鼠在喂奶期间变得神经质。小鼠一旦断奶，就要立刻把雌鼠、雄鼠分批管理，戴上个体识别的耳标，还要进行基因诊断检查。

最可怕的是，小鼠的品系可能因为某些意外事故而中断，火灾、地震、空调故障、疾病……为了以防万一，我们采集了每个品系的小鼠受精卵，委托给专业机构冻结保存。冷冻受精卵能够半永久保存，用的时候再解冻，注入代孕母鼠的子宫，就可以生出小鼠

　　　　　　　Chapter 06 我为什么是"我"

了。比起精子和卵子，受精卵更加稳定，易于保存。为了上这道"保险"，我们支付了日本最贵（可能）的房租。

实际上，人类的受精卵也可以冷冻保存，作为治疗不孕不育的一环。这就产生了一个在小鼠实验中从未出现过的棘手问题。我从前翻译的著作《人体商店》中有过这样的案例。父母去世了，留下冷冻的受精卵，但是他们还有一笔巨额遗产。受精卵拥有继承权吗？代理人提起了诉讼，可案件最终未被受理。然而，人究竟什么时候才能成为"人"呢？日本的民法规定"只有已经出生的胎儿才具有继承的资格"。

风铃、大脑和
萤火虫

　　我最近知道了一个设计事务所的名字——态科朗（Takram），那里的人终日都在策划些什么。一个朋友说他们的想法有趣极了，于是，我去参观了Takram的展览，展示的是发光风铃的装置艺术。在昏暗的房间里，无数造型优美的小玻璃风铃悬挂在天花板上，每个风铃间的距离都相等。我还没弄清楚情况，就小心翼翼地走进房间。头顶的风铃倏地发出清冷的鸣响，刹那间，微微发亮。我不由自主地停下脚步，抬头望去，周围的风铃同时共鸣，也发出微弱的亮光来。光的波浪犹如投石入水而荡起的同心圆，向外扩散、衰减，不一会儿，房间就回归了原来的黑暗和寂静。我慢慢向前走。头顶的风铃仿佛在配合我的动作，一个接一个做出反应，散发光亮，奏响铃音，然后波及周围，仿佛是整个房间都在深呼吸，时而歌唱，时而颤抖。

　　房间旁边的屏幕上有对这一设计的解释。每个风铃都是从一个安装在天花板上的装置垂下来，装置中设有动作捕捉器，能够检测到人的动作。当有人从下面经过时，装置就会有反应，让风铃发出光和声响。每个装置还会向周围六个方向伸出细电缆。一个风铃装置有反应，信号就会随电缆传递，使得相邻的六个风铃同时发出声音。它们又将自己的信号再度传递给周围的风铃。信号不会被放大，而是随着距离的增加而自然衰减。这样就形成了不可思议的光与声音的波浪。

我觉得这种设计充满了生物学趣味。生物的一个特征就在于它们实际上没有指挥者和领导者。人体内总共有数十万亿个细胞，但没有一个细胞知道整体的地图和构造。每个细胞最多只是与前后左右上下的细胞保持联系。尽管如此，人体仍然作为一个整体被组织统合起来了。关键在于人体系统不是"中央集权"式的，而是"地方分权"式的结构。哪怕是大脑，也无法纵览整个身体，而只能由各个神经元与邻近的神经元交换信息。局部网格相互连接，最终才能形成整体系统。换言之，这里没有"部分"，有的只是连续不断的局部所构成的整体。这种模式是探寻生命本质的重要线索。

风铃的设计与灵感是Takram与设计师伊东丰雄合作完成的。说起伊东先生，他设计了图案有如榉树的TOD'S表参道大厦，以及表面仿佛嵌满贝壳的MIKIMOTO银座二丁目店。这些建筑仿佛在传达，即使是在局部的规则下进行自我复制，也可以一点一滴地创造出与众不同的样式。

当然，生物就不会这么轻易透露自己的秘密。例如，东南亚森林中的萤火虫能够同时发光、同时熄灭。如果萤火虫也像风铃一样，发出的信号有如同心圆扩散，那么，萤火虫的明暗就会呈现出波浪式的特征。然而，无数的萤火虫完美地同步发光。啪，啪，啪，啪，啪，啪，啪……这究竟是怎么做到的呢？只要解开萤火虫发光机制之谜，应该就能解释细胞的协同性和意识的建立。脑电波能够被测量，就意味着脑细胞发出同步的律动。我不禁想，真想看Takram与伊东先生策划的更多东西呀。

整体是部分
的总和?

降D、降D、降G、降D、降A。

看到这行音符，音感好的人头脑中就会响起
"灯，等灯等灯"的旋律。这是什么旋律呢？容我卖
个关子，留待后文揭晓。新学期伊始，我被学生提了
个犀利的问题，被问得有些手足无措。

我给理工学部一年级生开了"生物学基础"这
门课。下课后，我正在擦黑板，一个学生怯生生地
走过来了。

"福冈老师，您今天这堂课强调1+1并不等于2，
而是大于2。就生物而言，多出来的这部分是什么
呢？它是从哪里来的？"

高中理科由物理、化学、生物、地理四门科目组
成，对我们这代人来说，四门课都需要认真学习。然
而，最近即使是被理工科专业录取的大学生，也不见
得对这四门理科科目都掌握牢固。大多数情况下，学
生们会选择物理和化学，然后从剩下两门任选其一，
就足以通过考试了。因此，生物经常成为被忽视的那
一门。熟识的医学部教授感叹说，这种倾向在医学部
尤为明显，医学部学生本应必须具备生物学知识，但
最近很多大一新生完全没有生物学素养。仅限于考试
得分而言，物理和化学划出了严格的出题范围，题型

也比较类型化，因而受到大多数考生的青睐，而生物必须死记硬背博物学式的知识点，在得分上没有优势。这无疑是事实，却也是一种浅薄的认知。生物学并不是一门死记硬背的科目。因此，在面向很多从来没有接触过生物的大一新生授课的时候，我首先要做的就是消除这种偏见。我不会罗列任何知识，相反，我要从列举生物系统的特征入手。

首先是部分与整体的关系。诚然，生物可以彻底分解为蛋白质和脂肪等单纯物质，但这些微观成分组合在一起，生物就能够运动、代谢、繁殖，甚至思考。就如前面那位提问的学生所说，在生命这种现象之中，整体大于部分的总和。

然而，如果天真地接受这种论点，我们就会接近一种可疑的神秘主义。一个典型的例子是生气论（Vitalism），它认为生物是由微观成分组成的，但需要再加上一种生气，才能赋予肉体以生命。生气论的信徒甚至严肃讨论过，当生物死亡时，生气就会脱离身体，从而减少其相应的重量。

当然，生气从来都不存在，但是我们的生命中确实有大于部分之和的某种东西。在今后的授课中，我也想简单谈谈它。让我们把生物看作物质，它就像是微观零件拼出的塑料模型。只是在零件与零件之间，能量和信息是可以交换的。这就是多出的那种东西。所有的生命现象都是能量与信息交织出的效果。这是

　　　　　Chapter 06 我为什么是 "我"

那些对生物学一窍不通的学生也无法否定的。

　　降D、降G、降A只是普通的零件，但当能量注入其中时，音符就变成了声音，向周围传播。声音按照某种顺序排列，就产生了信息。这就是维也纳的电子音乐作曲家沃尔特·沃佐瓦（Walter Werzowa）创作的世界上最短也最著名的乐曲，也就是英特尔公司的品牌旋律。这段仅有五个音符组成的旋律，在全世界每五秒就要播放一次，其效果肯定超过了所有部分的总和了。

"怀念"是什么?

前几天,我偶然看到了一张海报,让我非常怀念。我突然想,所谓的怀念到底是什么呢?

> 青春是灯台树下吹过的风、铁道尽头的光。
>
> ——高野公彦

怀念总是由某个微小的契机而起。昔日的憧憬、童年的记忆碎片、令人感到季节交替的风、朋友家的味道、晴朗的高空……怀念的感情会偷偷藏在大脑的某个角落里吗?大概并不是。据说,我们的大脑中有一百多亿个脑细胞,但并不是每个细胞都储存着记忆。任何细胞的内容物——蛋白质和脂肪等构成细胞的分子群——都处于"动态平衡"状态,即不断地合成与分解,时刻流动,以保持某种平衡。脑细胞也不例外,所以记忆不可能以物质的形式在脑细胞中保存下来。就连细胞中的DNA也是处于破坏与再合成的循环中。DNA之所以能够保存信息,靠的是具有互补关系的一对一配对,彼此能够进行局部更新。写入DNA的是生物遗传而来的蛋白质信息,但这并不是个体的经验和记忆。

那么,怀念,或者说遥远的记忆,是以何种形式存在的呢?既然脑细胞内部无法储存记忆,那就只能

Chapter 06 我为什么是"我"

存在于脑细胞外部了。在显微镜下，脑细胞的形状就像海星，或者更诗意地说，像星星。星光化作细线，延伸向另一颗星星，即与另一个脑细胞连接。这就是所谓的突触，是脑细胞与脑细胞之间的接头。

当以五感（视觉、听觉、嗅觉、味觉和触觉）为代表的各种感觉，以及喜、怒、哀、乐、恐等情绪刺激传入大脑的时候，某种脑细胞被激活并产生微弱的电流。电流从一颗星星沿着细线，通过突触抵达另一颗星星，再依次从一颗星传递到下一颗星。必要时，它就会引起笑、流泪、颤抖等各种反应和动作。换言之，一系列脑细胞间形成了电路，将刺激与反应联系在一起。这就是神经回路。有些神经回路是在胎儿阶段形成的，有些则是在出生后通过经验、学习、重复和建立条件反射（巴甫洛夫的狗）而形成。也就是说，神经回路是灵活多变的。

那些强刺激通过的回路、电信号重复流经的回路，每次都会得到强化，从而使电流的通过更加顺畅。或许，记忆就是这样产生的。在脑细胞的外部，不同的脑细胞协作形成的回路，就是记忆的存在形式。如果脑细胞是星星，那么神经回路就是星座。

或许是一种熟悉的味道，或许是风与光，或许是一片小小的玻璃碎片，就能够刺激到回路上的某个地方。这就产生了电流，从而依次点亮那些星星，就像圣诞节在纵树上点亮的灯饰一样，暗淡的树影中浮现出星座。猎户座、水瓶座、蛇夫座，或许它们早已被遗忘，但这些星座仍然是当初被创造时的样子，在昏暗的大脑内瞬间点亮了光。

　　在我看到的那张海报上，1970年大阪世博会的标志被涂成大片的红色，与过去一模一样。

1970年的乡愁

蜡笔小新的剧场版动画《呼风唤雨！猛烈！大人帝国的反击》(2001)中有一个名叫"20世纪博览会"的主题公园。小新的爸爸广志和妈妈美芽对此非常着迷。1970年，世界博览会在大阪的千里举办。电影相当忠实地还原了当时的氛围。展馆、自动步道、各种形式展现的未来，以及当时的风物——黑白电视、老节目、旧唱片、老爷车，这些东西都令人无比怀念。以至于大人们都放弃了工作和家务，把小新这样的小孩子们丢下不管，追逐着这种怀旧味道，接连失踪……

对我这代人而言，这种怀旧感是再熟悉不过了。这部电影很好地捕捉到了这种感觉。电影制作者们（如原惠一导演）想必也和我是一代人吧。说不定他们是想要揭示这种让我们无法摆脱的乡愁，才创作了这部作品。

后来，东京上野的国立科学博物馆举办了一场特别展览，名字不是"20世纪博览会"，而是"1970年大阪世博会的轨迹"（展出至2009年2月8日）。我迫不及待地去看了。那里展出了大阪世博会展馆的等比例缩小模型。苏联馆如同一只屹立的海螺；美国馆是平坦的圆顶，展出从月球带回来的石头；瑞士馆的外形是一棵光之树；日本馆的形状则是樱花花瓣。太阳塔高高耸立于节日广场上，顶部自大屋顶的空心中露出。这些景观至今还留在人们的记忆中。大高猛[30]设计的标志，龟仓雄策[31]构思的海报，印有摩尔纹图案的入场券，纪念邮票套装，折页式会场地图……怀念，太让人怀念了，简直怀念得让人眼花缭乱。

写到这里，我忽然意识到，大脑中的回路被时代的气息和设计唤醒了。星星形状的神经细胞连接而成的记忆星座再次被点亮的那一瞬间，我确实再度看到了1970年的大阪世博会。但更准确地说，我看到的是当年去参观世博会的我自己。

在淅淅沥沥的小雨中，队伍每次只移动一点点，我已经在由镜子搭建的犹如一面巨大棱镜的加拿大馆前排了几个小时了。我看到了那时的自己。这是怎么回事呢？怀念的本质与其说是事与物本身，不如说是那个时间点上的自己。换言之，怀念就是一种自恋。

还有另一件与此有关的事情。在电影《天堂电影院》中，一位年迈的电影放映师对即将离开西西里岛的青年说："再也不要回这里了。别让乡愁绊住了你。"没错，乡愁只是一种幻觉。沉浸于乡愁之中的时候，人无异于沉浸于自恋之中。别让这种情绪阻碍

---

30 大高猛（1926—2000），平面设计师，代表作有大阪世博会标志、日清商标等。

31 龟仓雄策（1915—1997），平面设计师，代表作有1964年东京奥运会海报。

了你的脚步。这也许是那位放映师想说的话。

蜡笔小新剧场版的设计也非常巧妙。小新的活跃表现让父亲恢复了理智。这被描绘成一个相对化的过程，他一边回忆起自己的少年时代，一边回归到养育小新长大的、身为人父的自己，精彩地体现了对自恋的克服。

这么一想，怀念的本质也变得模糊不清起来。我们之所以能够生动地想起昨日时光，是因为无论是否出于自觉，我们都在不断回忆、反复强化它。怀念是对自己的记忆，它就像一只温驯的宠物伴随我们左右。有时，人们会在怀念中裹足不前；有时，怀念又像一剂解药，会溶解掉某些东西，给我们以慰藉。

Chapter
07
琉璃星
天牛之青

"菌斑控制"来袭

在上一章中，我写到了芥川奖得主川上未映子的"牙齿小说"（这么形容可以吗？），这回仍是关于牙医的故事。

某月某日，在熟人的推荐下，我来到东京市内颇负盛名的A牙科医院就诊。倒也不是牙疼，只是牙齿很不整齐，想去做健康诊断和常规护理。A医生让我张开嘴，他稍一观察，小声说了句"Oh, beautiful"，然后就庄严做出如下宣告："牙齿健康的关键在于清除导致蛀牙的牙菌斑，也就是所谓的菌斑控制（plaque control）。让我们来尽最大努力做到这一点吧。这就是我们的武器。"说罢，A医生取出牙刷和牙线，用灵巧的手指把牙线缠卷起来，然后拉得绷紧。"好了，你的情况呢，下牙两边的第一小臼齿都向内侧歪斜得厉害，上牙两边的智齿也都没拔。这几颗牙齿没办法完全咬合，只会妨碍到菌斑控制，所以得全部拔掉。"

我吓得魂不守舍，留下一句"我，我改日再来"，就一溜烟儿地逃走了。从那以后，我再也不敢靠近A牙科医院。我不禁暗想，这就像越南战争中放火烧村一样，与其被敌人占领，不如烧得一干二净。我偷偷给A医生起了个外号叫"菌斑控制"。

某月某日，在朋友的介绍下，我来到东京市内门庭若市的B牙科医院就诊。B医生在诊疗前高调宣称："牙齿健康呢，是通过不断咬合来调整的。让我们来尽最大努力做到这一点吧。拔牙太粗暴了。无论牙齿排列如何，都是经过长年发育而成，周围的牙龈和肌肉也已经长成相应的形状，彼此之间是协调的。"说罢，B医生让我慢慢地咬一张红黑相间的玻璃纸，这里削掉一点，那里刨掉一点，然后检查了我的下颌关节，揉了揉我的肩膀，最后说："好了，这就没事儿了。"

这种重视牙齿的"动态平衡"的理念似乎与我的生命观不谋而合。但是，这是不是有点儿随意了。总觉得B医生很像历史上那些提倡"整体要大于部分的总和"并且假设存在某种灵性能量的生气论者。我偷偷给B医生起了个外号叫"咬合论者"[32]。

某月某日，我辗转询问到在大学附属医院工作的女性牙医C医生。到底哪种医嘱才是对的呢？

C医生表示，她作为病人的时间比当牙医还长。"事实上，牙科诊疗本来就是百家争鸣啦。每个人都想用自己的主义说服你。这是因为牙齿也是因人而异，千差万别。有的人留着不拔，害旁边的牙也蛀了，还得一起拔掉。本来没有任何作用的智齿，在人上了年纪以后，可能用来移植（现在的技术是可以实现

---

32 双关语，"咬合"的英文是bite，与生气论（Vitalism）的词头读音相近。

的）。据说随着年龄增大，牙齿逐渐钙化，会变得更坚硬，也就没那么容易蛀牙了。"原来如此，看来牙齿也会因为上了年纪而新陈代谢变慢呢。

到头来，没有比牙医更私人化的职业，也没有比牙齿更私有的财产了。看牙，简直就是一部真正的私小说[33]。如果谁能遇到一位与自己生活方式完全合拍的牙医，那真是太幸运了。

33　私小说，日本近代文学独有的小说体裁，多以作者的亲身经历为写作素材，强调自我心境的描写。

迷雾中的
首脑会议

2008年7月，在严格的警备状态下，八国集团首脑会议在洞爷湖举行。G8峰会将对地球环境的未来提出怎样的愿景呢？对此，全世界的人都寄予了极大的期待。然而，就好像洞爷湖的美景被浓雾遮住了一样，峰会结束时仍然没有得出结论。

到2050年，二氧化碳排放量削减50%（以1990年为基准）的远大目标，实际上只是上一届海利根达姆G8峰会方案的翻版（该方案"美丽地球50"的提出者是前首相安倍晋三），但是在通过怎样的机制、实施怎样的配额来实现这一目标上，峰会甚至连具体数值和项目进度衡量指标都没有给出。唯一的新意是，主要经济体能源安全与气候变化会议（Major Economies Meeting on. Energy Security and Climate Change，简称MEM）将与本届G8峰会同时举行，中国、印度等国家也参与到讨论之中，但这场会议同样变成了各国的抱怨。总之，经济仍然比环保更优先。到头来，京都协议书至2012年到期之后的道路仍然迷雾重重。

这让我想起了一个人，他曾经大胆断言："国际会议的宣言、政府声明和专家建议，都从来没能解决环境问题。"他就是勒内·杜博斯（René Dubos），也算是我老师的老师。纽约有一座洛克菲勒研究所，它并不在著名的洛克菲勒中心，而是建在更北边的东河沿岸。这里很少有观光客到访。20世纪初，野口英世[34]就曾在这里做研究。我来这里任职的时候，杜博斯已经退休了，但他仍在这里研究微生物学。

杜博斯发现了一种产生自真菌的毒素。这种毒素可以干扰其他微生物的生长，后来，它被命名为"抗生素"并被广泛应用于医疗领域。他开创了抗生素研究的一大支流。然而，在进行了几项具有开创性的研究之后，他很快就退出了这一蓬勃发展的新领域。

为什么呢？长年与微生物打交道之后，杜博斯明白了一件事。生命的本质是一种关系性。也就是说，生命的存在方式总是因为周围环境而变化。当使用某种抗生素的同时，微生物就受到抑制。然而，这种环境会促使微生物产生新的适应性。如此就激发了微生物的潜能，产生对抗生素的抵抗性，于是就出现了所谓的耐药细菌。随后，新的抗生素又被开发出来。一段时间后，新的耐药细菌又会出现。而现在，我们已经无牌可出了。曾经被认为是终极抗生素的万古霉素也出现了耐药细菌。杜博斯早已看穿这是一场无休止的游戏。他转而开始思考环境，作为社会思想家来进行活动。

"我们人类并非住在地球之上，而是居于地球之

---

34 野口英世（1876—1928），细菌学家，以对黄热病和梅毒的研究而著称。

中。"他说。我们与微生物一样生活在环境之中，影响环境的同时也在适应环境。因此，我们应该驰骋想象，将整个地球纳入考虑之内，寻找尽可能不对周遭环境造成负担的生活方式。所谓的"不造成负担"，也即意识到环境的有限性，而不妨碍环境的循环性。勒内·杜博斯曾经提出过一句标语，虽然是三十多年前的话，但至今历久弥新。

"Think globally，act locally."（放眼世界，立足本土。）

对器官移植法
修正案的担心

2009年6月18日，众议院通过了器官移植法修正案A。A法案与旧法存在决定性的差异。首先，A法案删去了"仅在器官移植情况下，脑死亡可判定为人死亡"这句措辞，脑死亡成为普遍的死亡判定依据；其次，即使无法确认本人意愿，经家属同意即可进行器官移植；最后，此前被禁止的15岁以下儿童的器官移植也获准开放。总而言之，A法案旨在大力推进器官移植。

我只不过是一介生物学者，但站在一个长期思考生命之人的立场上来说，我对器官移植这件事感到无比的恐惧。构成生命的细胞是相互关联的，所以我们才相信生命寄寓整个身体之中，而且生命始终处于运动状态，保持着平衡。换言之，它处于动态平衡的状态。如果切除器官，这种平衡就会彻底丧失，被认定为尸体的身体就会真正死亡。如果要强行移植新的器官，就会严重扰乱另一具身体的动态平衡。本来想要恢复平衡，却起到了反效果，最后引发剧烈的排斥反应和炎症反应。为了抑制这些反应，还要注射强力的免疫抑制剂。也就是说，动态平衡受到了双重干扰。尽管如此，身体还是对新植入的异物表现出了一定的宽容，并尽可能设法活下去。

然而，这与其说证明了器官移植的有效性，不如说揭示了作为一种动态平衡的生命具有的坚韧性和可塑性。

人体是一个整体，保持着恒常不变，本来就不存在可以被摘除的"部分"，也不存在能够被替换的"零件"。但我们的生命观将器官视为一个组件，一个能够进行外部整合的功能单元。假如现在有个像怪医黑杰克[35]一样的天才外科医生，想要给患者移植鼻子。他需要在患者脸部切掉一个三角形区域，那么，他的手术刀应该切进去多深才能把鼻子剜出来，才能把鼻子这个功能单元（负责嗅觉的身体零件）与身体分离呢？鼻孔深处存在无数的嗅觉受体。数以万计的神经纤维从这里伸向大脑，又有无数的神经纤维连接到面部与四肢的肌肉和皮肤。如果是香味，你就会靠近；如果是讨厌的味道，你就会逃开。即嗅觉功能不是局限于一个零件，而是遍布于整体。因此，我们本来就不可能将感官摘除。如果要强行这么做，动态平衡的联系就会被切断。

心脏、肝脏、胰腺和肾脏等其他看似独立的器官也是如此。心脏是具有一系列连续功能的存在，与全身的血管网络、神经回路和结缔组织相连。被摘除的心脏绝不可能在接受移植患者的体内恢复所

35　手冢治虫1973年创作的漫画《怪医黑杰克》的主人公。

有的关联性。

迄今之日，日本已经进行过81起器官移植手术。如果要修改器官移植法，就必须验证器官移植具备有效性，而且有必要详细调查各种情况下捐献者与获赠者的想法和将来的打算。修正案的问题就在于，如果本人没有表现出积极的拒绝意向，只要家属同意，就可以捐赠死者的器官。目前，儿童的脑死亡还有很多谜题尚未解开，也有很多人在脑死亡状态下长期存活，但A法案根本不顾及这些情况，很快就在参议院通过了决议，在法律层面上规定了何为死亡。

通过花粉症
看自己

前几天，天气突然转暖。我有种不好的预感，今年，它又来了。它就是花粉症。我觉得脑袋昏沉沉的，仿佛眉头到鼻子之间插了一块铅版。这是一个令人忧郁的季节。当我走过街头，时不时遇到"全副武装"的同胞，个个都戴紧口罩和护目镜。话说回来，花粉症究竟是什么呢？有些人好像完全不受影响，甚至把花粉放在舌头上舔也没事。他们说的也确实是真的。花粉症是一种免疫系统疾病，保护我们的身体不受外敌入侵，正是免疫系统在分子水平上保持着我们身体的同一性。换句话说，我和你的免疫系统是截然不同的，同时也是高度个体化的。如果你一接触花粉、房屋里的灰尘、动物皮毛，就忍不住流眼泪、擤鼻涕，那么你其实是个"不宽容"的人；如果你对花粉满不在乎，那么你就是个"宽容"的人。只不过，这种宽容或不宽容与精神和心态无关。免疫系统是独立于大脑的，它可以规定自己的行为，以及定义自己。

当病毒和细菌等敌人入侵时，免疫系统就会响起警报。免疫细胞不眠不休地在血液和淋巴中巡逻，通过表面的蛋白质结构来识别敌人的形态，然后释放抗体，与蛋白质结合并包裹住外敌，使之失去活力。以前，人们认为抗体产生的机制是外敌入侵后，免疫系统根据敌人的形态在短时间内产生相匹配的抗体。但事实并非如此。我们的免疫系统早已准备好超过一百万种抗体，无论遭受任何外敌入侵都可以立刻迎战。抗体也是一种蛋白质，也有相应的基因。不过，无论数量有多么大，人类基因组能够编码的基因至多有数万种。但显然，抗体的种类要远远多于这个数字。

解开这一谜团的人是利根川进。他认为，抗体是由数量有限的基因片段通过排列重组而产生的。一百个基因片段A和一百个基因片段B重新洗牌能产生一万种新基因。这一发现打破了DNA数量恒定不变的神话。这就是为什么我们不可能用免疫细胞制造克隆动物。

后来发生的事情就更精妙了。由基因排列组合产生的抗体无疑是随机的，既然其中一些能够与外敌结合，也就有另一些抗体会攻击自身的细胞和组织。子宫中的胎儿尚未接触到外敌的时候，能够产生抗体的免疫细胞就已经遍布胎儿体内了。由于基因重组，一种免疫细胞只能产生一种抗体。重点来了，在这一关键时期，本可能与自身抗原结合的免疫细胞会直接进入自杀程序，彻底死亡。其后会如何呢？免疫细胞犹如随处散落的玻璃珠，能够与抗原发生反应的物质消失了，细胞内空空如也。如果稍微隔开一段距离看玻璃珠，就能看到其中的空洞。这就是免疫系统对自身的定义。换言之，它自己就是一种虚无、一种空白。这只不过是将周围的"背景"悖论式地当作一种本不存在的"图形"罢了。

残存的免疫细胞又会对谁做出什么样的反应呢？这取决于免疫系统与环境之间长期的相互作用。杉树花粉本来就无处不在，却不会像病原体那样增殖，也不会造成危害，会对花粉过敏，只是因为我们都是"不宽容"的人。

我想阻止
花粉症！

花粉症一如既往让人痛苦难熬。无论怎么擤，鼻涕还是往下流，连续打喷嚏，眼泪流不停。但是，无论多么痛苦、难熬的事情，我们总能从中学到点儿东西。这些花粉症症状的出现，说明我的免疫系统正在拼命将入侵的杉树花粉排出体外。从某种意义上说，这种反应很健康。

然而，没有必要对花粉进行如此过激的反击，所以我服用了医生开具的花粉症处方药。这类药物通常被称为抗组胺药。据说某位前日本首相也吃这款药。鼻涕、眼泪、喷嚏等反应是人体内一种叫作组胺的物质释放的信号所导致的。组胺能够与受体结合，将信号从一个细胞传递到下一个细胞，因此，只要先组胺一步，让某种物质与受体结合，就能阻断组胺信号了。抗组胺药的本质就是一种与组胺相似的伪组胺。它确实能够缓解症状，但这只是暂时的。一切生命现象都是动态平衡。所谓动态平衡，就是指整体在反复不断的消长、变化、交换之中保持恒常性的机制。因此，动态平衡中的所有元素都是相互关联的。当从一方受到推动时，就会从另一方被推回来。如果持续从外部投放抗组胺药，内部信号持续被阻断，动态平衡势必就要"推回去"，比如说身体自发释放更多的组胺，或者增加受体的数量，抑或尝试从组胺信号路径以外的、能够引发相同反应的途径绕行。有时候，这反而会引发更严重的后果——必须加大用药量，原来的剂量已经不起效果了。但还好，在动态平衡开始报复之前，花粉症的季节结束了。

"我不要再在花粉症与抗组胺药之间打拉锯战了。"我不久前在心底暗暗发誓。目前，从根本上治疗花粉症的办法只有一个，那就是脱敏疗法。以毒攻毒。既然我的免疫系统会过度反应，那我就将花粉稀释后一点一点注射到身体里。如果我坚持下去，免疫系统应接不暇，来不及一一反应，最终就会放弃，不再过度免疫。这就是产生了耐受性。

不过，这种疗法需要长期注射。"感觉自己被扎成了刺猬。"这样一想，我很是害怕，立马就放弃了。不过，听说舌下含片正在取代注射流行开来，这让我下定决心，去了某家医院就诊。

和蔼可亲的医生在问诊结束后，眼神流露出悲伤，对我说："首先，这种疗法只适用于年轻人。具体的原因还不太清楚，或许是给免疫系统'上课'也得趁早吧。您的年纪不大合适了。而且这种疗法只能治疗杉树花粉症。据您所说，您对各种东西都过敏。房间的灰尘、豚草花粉、动物的毛……就算治好了杉树花粉症，也不会好转太多。总之，要治的话只会事倍功半。最后还有钱的问题，舌下含片目前还没有纳入医疗保险，所以要花很大一笔费用。"

我无精打采地离开了医院。黄昏的天空中闪烁着晚星。那一刻我意识到，看来，最好的方法就是见机行事，继续与动态平衡共存了。

文乐[36]的生物学

我有幸参加了在世田谷公共剧场担任艺术总监的野村万斋先生的"解体新书"企划。活动的受邀表演嘉宾有人偶净琉璃文乐座的桐竹勘十郎先生，于是，我得到了这次珍贵的机会，得以近距离欣赏人偶师的技艺。很多人可能都知道，位于三轩茶屋的公共剧院的设计非常新潮，一进大门，走进了充满复古感的门厅，这里还张贴着昔日皮娜·鲍什（Pina Bausch）来访日本演出时候的海报。大厅本身是一座巨大的圆柱形建筑，墙壁由石头砌成，仿佛古希腊的露天剧场。中央是白木舞台。观众与表演者离得很近。

勘十郎先生特地带来了并未穿和服的裸体人偶，向我们展示人偶的动作。人偶的名字似乎叫"骸骨"。文乐人偶由三个穿黑衣的人操纵，主要人偶师操纵头部和右手，左人偶师操控左手，脚人偶师操控双脚。骸骨，顾名思义，就是一具晃晃悠悠的骷髅。头部固定在木架上，垂下的四肢各自有一根细线与木架相连。

万斋先生担任主持人。他的声音庄重又不失轻松幽默，他边说边在舞台上踱步。随着太夫（净琉璃旁白）

36　文乐，原指表演日本传统戏剧人偶净琉璃的剧场，后来演变
　　为这种人偶剧的代称。

与三味线的加入，故事开始了。义太夫节[37]的念白朗朗悦耳，脚步声在舞台上回荡。起初，骸骨的动作显得有些僵硬，但不一会儿，奇迹般地仿佛有了生命，像活人一样行动、静止。

勘十郎先生并不摆弄人偶，人偶完全只由黑衣人操纵。本无生命的人偶表现得栩栩如生。这实在妙不可言。

为什么像我这样的生物学家会出现在这种地方呢？实在有些违和。恐怕是因为大家都很好奇，所谓的"栩栩如生"究竟意味着什么。我关注的地方是，骸骨的每个身体部位都由一根细线连接。这些细线起到什么样的作用呢？也许是相互制约吧。当骸骨的右手执长刀，向外伸展手臂的时候，线就会绷紧，这股张力传达到双脚和左手。双脚和左手感应到线绷紧了，移动到各自的平衡位置。

众多的部位组合在一起，互相制约，在动态中保持着平衡。这就是生命之所以为生命的最重要之处——动态平衡。这就是生命与单纯的机械之间的决定性差异。细胞与细胞、分子与分子，也是由"细线"串联在一起。当然，细线只是比喻，实际上是信息与能量的流承担了这一角色。

在文乐中，不只是线在相互制约并保持动态平

37　义太夫节，人偶净琉璃的流派之一，由竹本义太夫开创。

　　　　　　　Chapter 07 琉璃星天牛之青

衡。脚人偶师的右手总是靠在主人偶师的侧腹部，方便他们打手势。勘十郎先生还向我们透露了一个秘诀：左人偶师的视线从不离开人偶的后脑勺。

相反，也有办法让人偶瞬间失去生命。只需要剪断细线就好了。迈克尔·杰克逊的太空步和机器人的动作都刻意强调各部分的动作，互不制约，彼此独立。于是，生命消失了，机械出现了。

最后是万斋先生的狂言与人偶净琉璃的合作演出，实在是生动、华丽、酷炫。我这样的学者原本就没有必要多嘴置评。因为，深陷机械论思维的当今生物学所需要学习的一切，都在这座舞台上了。

蜂蜜的秘密

新学期开始了，在新生课堂上，我总会问同一个问题。"大家知道食物腐烂，或者说腐败这种现象本身，是一种生命现象吗？"

这个世界上有各种各样的细菌，尽管我们肉眼看不见。细菌在桌子上、在空气中、在手背上，还附着于所有的食物上。细菌以这些食物为营养来源，在极短时间内细胞分裂，数量以两倍、四倍、八倍的速度倍增。在繁殖过程中，细菌会产生酸、恶臭甚至毒素。因此，当食物腐败时就会变酸、发臭。那么该如何防止腐败呢？降低温度（冷藏或冷冻）、密封保存及加热杀菌（罐装和蒸馏）、添加抑制细菌增殖的药物（防腐剂），保存食物的智慧也是一部人类的知识史。

不过，有一种不可思议的食物，不需要冷藏，也不需要加热处理，更不需要任何防腐剂，却几乎永远不会变质。这就是蜂蜜。为什么蜂蜜不会吸引细菌，也不会腐败呢？秘密就藏在酿造蜂蜜的昆虫——蜜蜂的习性之中。当蜜蜂们发现了花，就去吸吮从花蕊流溢的蜜，储存在体内的特殊蜜囊中。负责外勤的蜜蜂把花蜜带回蜂巢，然后嘴对嘴把花蜜转交给负责内勤的蜜蜂。因为蜜囊中的花蜜可以自由地快速吸取和吐出。内勤蜜蜂将花蜜存放于蜂巢深处的储藏室内。这一阶段，花蜜还只是稀薄的糖水。但变化很快就会发生。当花蜜进出蜜蜂身体的时候，在消化酶的作用下，蔗糖会分解为葡萄糖和果糖。糖的数量变成两倍，甜味也随之增加。然后，内勤蜜蜂不断振动翅膀，产生热量。

我以前写过被黄蜂袭击的经历。其实，黄蜂喜欢威吓攻击蜜蜂。遭到袭击的蜜蜂会被咬成小块，做成肉团子，充当黄蜂幼虫的饲料。对此，蜜蜂也勇敢地进行了战斗。虽然我一下子就被黄蜂干掉了，但蜜蜂们故意将袭来的黄蜂引诱到蜂巢里，做好牺牲的觉悟，将它团团围住，用振动翅膀产生的热量把黄蜂蒸死。蜜蜂的发热能力就是这么惊人。

这对强劲的翅膀产生的热量和风会让花蜜中的水分在蜂巢中迅速蒸发。花蜜逐渐变成浓稠的金黄色蜂蜜，最终的糖浓度能达到80%。没有比这更浓厚的液体了。例如，盐在浓度29%的盐水中就无法继续溶解了。蜂蜜的高浓度带来了强大的杀菌效果。当细菌接触到蜂蜜会发生什么呢？蜂蜜将吸收细菌的水分，细菌很快就会因脱水而死亡。这就是渗透作用。水也在寻求平衡，这就是水所固有的动态平衡效果。高浓度溶液（蜂蜜）和低浓度溶液（细菌的细胞液）仅隔一层膜（细菌的细胞膜）的时候，水就会从低浓度区域向高浓度区域移动，试图尽可能稀释过浓溶液以达到平衡。结果，细菌一侧的水分就被吸走了。这与经常用盐杀死蛞蝓的原理完全相同。如果在蛞蝓身上淋上蜂蜜，效果会更加显著（就是有点儿浪费）。因此，自古以来蜂蜜就被用作杀菌剂和药物，十分珍贵。在包扎烧伤和化脓伤口之前，人们会先用蜂蜜涂抹。

最近看了电影《蜜蜂的秘密生活》，故事发生在美国南部农村，讲述一个女孩学习采蜜。我就想写些什么，便把我所有的蜜蜂知识一股脑儿都写下来了。只是篇幅有限，请大家见谅。

蜜蜂与无果
的秋天

2009年5月，我见到了访问日本的罗恩·雅各布森（Rowan Jacobsen）先生。他四十岁，文质彬彬。他就是引发热议的《蜜蜂为何集体死亡》(中里京子译，文艺春秋，2009) 的作者。我应邀为本书的日文版撰写解说文，由此因缘，我与雅各布森先生进行了一场对谈。

蜜蜂社会是高度组织化的，成员之间分工明确。工蜂在出生之后，首先会成为内勤蜜蜂，在蜂巢中训练，忙忙碌碌，主要任务是照顾蜂后、侍奉饮食、清洁扫除、育儿、修缮等。不久后，它们会被派往外勤工作。著名的"蜜蜂舞蹈"就出现在这一阶段。摇臀就是"发现目的地，跟我来"，身体发抖就是"搬来了大量花蜜，内勤蜜蜂来门口集合"，震动则是对内勤蜜蜂发号施令"人手不足，都到外面来"，然后一起去寻找花蜜再带回来。这一过程会不断重复。蜜蜂们从早到晚地工作、工作，再工作，直到数周后死掉。

蜜蜂中也会出现一种异常现象，叫蜂群崩溃失调病（Colony Collapse Disorder，简称CCD），造成谜一般的集体消失事件。某一天，外出工作的蜜蜂没有返回蜂巢，内勤的蜜蜂也失去了踪影，只剩下什么也不会做的蜂后与无助的幼虫，以及大量的蜂蜜，蜂巢遭遇灭顶之灾。

人们提出各种各样的猜想。昆虫病毒说、寄生虫说（附着在蜜蜂身上的螨虫）、农药中毒说等，但这些说法都没有定论。蜜蜂消失的背后或许隐藏着更大的生态环境的异常。雅各布森认为，或许有某种更复杂的原因。于是，他写下了这本让人惊心动魄的纪实文学。

福冈博士："您当初为什么会对蜜蜂感兴趣呢？"

雅各布森："我生活在佛蒙特州加莱的乡村，住在一栋改建农舍里。这是一个人口只有800人的偏僻村庄。我家附近种满了鲜花和苹果树。有天某个朋友来做客，说我应该搞一个蜂箱。于是我就向养蜂的农户下了订单，但后来订单被取消了。因为没有蜜蜂可送。对方告诉我，所有的蜜蜂都死了。"

令人意外的是，这造成的问题不是缺少了采蜜的蜜蜂，而是没有蜜蜂为西瓜、哈密瓜、草莓等水果和蔬菜授粉。不能靠蜜蜂授粉提高作物生产效率，农民会承受巨大的损失。这才是问题所在。

完成工业化的现代农业迅速推动了蜜蜂品种的改良。人们培育出了一种能够高效完成授粉作业的蜜蜂，它被极度地单一化了，就如同是一件农具。从生物学角度来看，这是非常危险。一个同质化的生物品系会因为轻微的疾病或变化就迅速崩溃。另一方面，蜜蜂们被塞进箱子长距离运输，还出现了在各地随意遗弃部分蜜蜂的情况。这种无视生态系统的行为会成为严重的环境扰乱因素。

我告诉雅各布森先生，这与疯牛病的前因后果是完全相同的。为了提高生长效率，硬生生把本来是草食系动物的牛变成了肉食系动物，结果导致疾病跨越物种的障碍，广为传播。

蜂群崩溃失调病与疯牛病都表现出了生态系统的一个重要方面，那就是人们忘记了生态系统各种要素是通过动态平衡相互关联，局部干预的结果最终将会招致自然的反动。

这本书原名叫作《无果的秋天》(Fruitless Fall)，对应了蕾切尔·卡森控诉环境污染的名著《寂静的春天》(Silent Spring)。据说，雅各布森先生之后还要会见农林水产大臣石破茂。真希望有更多人了解这些问题，哪怕只多一个也好。

数学的矛盾

法国数学家亨利·庞加莱在距今一百多年前写道："数学这门科学的存在本身似乎就是一个无法解决的矛盾。"(《完美证明》，玛莎·葛森著，青木薰译)

尽管我们无法了解数学家思考的艰深细节，但我们相信，没有一门科学能够像数学这样完全由严密的逻辑和证明构成。为什么数学会是"一个无法解决的矛盾"呢？

在我从事的生物学研究中，"逻辑与证明"总是必不可少的，其过程大致如下：致癌机制可能会使酶A发生异常。这种异常导致生化反应加速进行，无法终止，陷入失控状态。结果，细胞一个接一个不断分裂增殖。这就是一种猜想、一种逻辑。生物学家首先要提出猜想，然后证明猜想是否正确。在上述例子中，我们实际需要检查的是癌变细胞，确定酶A是否发生异常和失控，然后，还要研究酶A的基因，发现遗传编码出现错误，即可确认酶A异常的原因。进而，我们要对正常细胞中的酶A进行人工操作，使它异常化，从而确认整个细胞是否发生了癌变。

生物学的证明是通过实验来进行的。但事实上更重要的是，名为"猜想"的逻辑事先已经在生物学家的脑海中搭建起来了。不过，无论多么高明的猜想，如果只存在于头脑中，那就只是空中楼阁。只有将猜想从头脑中抽离出来，搬到外部世界，也即让它在细胞内部上演，并通过实验确认它真实发生了，猜想才得到证明。

对生物学家来说最快乐的时刻，莫过于实验证明"果然和我想得一样"。

相反，对生物学家来说最失望的时刻，便是通过实验检查细胞时，发现猜想并未成真，即自己的猜想被证明是错误的瞬间。

然而，数学的"逻辑与证明"过程是迥然不同的。数学家不能做实验。数学家也会在头脑中搭建名为"猜想"的逻辑框架。然而，即使从头脑中抽离出猜想，也无法从现实世界的现象中检验它是否发生。数学家的证明必须仍然在头脑中进行。

如果猜想停留在头脑中，那就只能是空想，既然如此，我们如何在头脑中证明猜想呢？

这正是庞加莱为什么说数学这门科学是一个无法解决的矛盾。你头脑中诞生的猜想只能在头脑中得以证明。既然如此，他说道："数学最终不就只是一种宏大的同义反复了吗？"

明明现在是虎年，我却像被狐狸附身一样说着胡话，真是抱歉。不过，在学科细分的讨论如火如荼的当下，我觉得最重要的是考虑科学的价值，而不仅仅是实用性。

数学家最快乐的时刻是什么时候呢？尽管同为科

学工作者，想象一下或许能猜出一二。想必是逻辑推演的最终结果不是"A是A"这样同义反复的瞬间，也就是得出"所有的A皆是A"的瞬间。

生命的
不完备性定理

我观看了NHK特别节目"立花隆的思考记录：癌症，挑战生与死之谜"。记者立花隆本人也是一名癌症患者，他直面癌症，在节目中披露了与医生的对话，公开自己的手术进展，探索日本及国际癌症治疗研究的前沿，甚至访问临终关怀的现场。我觉得这期节目的内容和结构安排都很发人深省。后来，NHK邀请我到演播室录制一个介绍性的短片，在节目重播时加进去。这是我的荣幸。

最令我印象深刻的是，节目中有一段精彩的论述：癌症这种疾病中内含了"何为生命"的终极问题。生命是一种灵活多变的存在，是一种持续不断的活动，当它受到推动时，就会反推回去；当它想要沉下去时，就会浮起来。换言之，这就是我挂在嘴边的"动态平衡"，而没有什么比癌症反应更能体现动态平衡的了。

如果我们通过精确干预来阻止癌细胞的活动，会发生什么事呢？比如投放抗癌药物，干涉其中一条代谢路径，我们就会发现另一条路径很快就被激活了。为了无限增殖，癌组织内部转变为缺氧状态后，会引发应激反应基因的活性化，并转变为更强力的癌细胞。另外，癌组织还会释放血管诱导因子，将毛细血管引向癌组织，从而获得营养和氧气。这些都是我们的细胞在进化过程中获得的适应机制。

当考虑癌症的本质时，我们不得不面对在完备中隐藏的某种不完备问题。追根溯源，为什么会有癌症呢？致癌基因研究表明，癌症的主要原因是基因层面发生了错误。基因复制的时候，遗传编码有极小的概率会出错。这种错误会导致氨基酸的替换，进而引发蛋白质变化。如果涉及细胞增殖的基因（比如 RAS 基因）在复制时出错，细胞增殖机制就会失控。这就是所谓的癌细胞。

在进化的历程中，生命发展出了各种机制来防止基因复制出现致命错误，比如，能够准确合成 DNA 的酶、复制出错时能予以校正的修复系统等等。不过，如果细胞分裂过程中的基因复制达到 100% 准确，癌症就不会出现了吗？诚然，复制错误导致的癌症不会再发生了，但同时导致另一种对生命具有决定性、致命性的情况：进化的可能性将会消失。正因为有微小的复制错误，才会带来变化，而变化又将在世代中传递。如果有利于环境，这种变化就会得到继承。这就是进化。因此，生命总是给错误留有余地。换言之，癌症的出现是拥有巨大可能性的进化机制中不可避免的内在矛盾。

我忽然想起了哥德尔的不完备性定理。这一数学定理指出"一个系统中必然存在无法被证明的命题"。

这种洞察与癌症问题带来的悖论是异曲同工的。癌症是我们生命的一部分，或者说，癌就是生命本身——即使它最终会导致生命的消亡。哥德尔出现于今捷克境内摩拉维亚地区的布尔诺，奇妙的是，遗传学家孟德尔的伟大工作也是在这里完成的。患精神疾病的哥德尔最终于1978年1月14日黯然离世。

琉璃星
天牛之青

　　我最喜欢的颜色是蓝色。我经常在二子玉川站乘坐电车，那里的月台很高，而且向多摩川河面伸出。站在月台尽头，视野非常开阔，多摩川从上游到下游尽收眼底，波光粼粼的河流，广阔的河滩，还有拂面吹来的河风。哪里还有如此具有开放感的车站呢？

　　今日的天空高远澄澈，没有云彩。东京原来也有这般蓝色。向西望去，丹泽山脉绵延的棱线泛着淡淡蓝色。远处，富士山冒出了脑袋，一抹白色清晰可见。

　　维米尔的《戴珍珠耳环的少女》中少女佩戴的头巾是蓝色的。自从维米尔画下这幅画的三百多年以来，这鲜艳的蓝几乎从未褪色。为什么呢？因为这幅画是用精磨的宝石绘制而成。维米尔使用了昂贵的青金石来画出这种颜色。

　　青金石是产自阿富汗腹地山峡中的蓝色宝石。早在公元前3000年，图坦卡蒙的面具上就镶嵌有这种宝石，自那时起，青金石就被视为珍贵稀有的宝物。它的价值堪比黄金，有时甚至比纯金更昂贵。维米尔不惜使用青金石粉末，来给少女的头巾涂上这种青蓝色。

　　有一本非常有趣的书叫《蓝色的历史》（米歇尔·帕

斯图罗著，筑摩书房，2005）。天蓝色，海蓝色，如今，蓝色是清新、青春和美丽的颜色。然而，历史上并非总是如此。在古希腊与古罗马时代，蓝色是蛮族喜欢的一种粗俗、令人不快的颜色。然而，青金石颜料的使用为蓝色赋予了高贵的气质，使之成为描绘圣母玛利亚衣裳的颜色。人们为了在技术层面生产出蓝色，挖空心思，不断寻找和开发各种颜料与染料。蓝色最终成为法国的三色旗上象征自由的颜色，也成了牛仔裤的主色而流行开来。有些特殊的蓝色色素甚至申请了专利技术（遗憾的是，《蓝色的历史》原著中的大部分彩图在日文版中变成了黑白图。毕竟是本关于颜色的书，真希望能做得更奢侈些）。

不过，我最憧憬的蓝，既不是天空的蓝，也不是大海的蓝，甚至不是维米尔的蓝，而是琉璃星天牛的蓝。那是一种泛着天鹅绒光泽的深蓝色，不是画出来的蓝，而是犹如金属般由内部散发的蓝。即使是维米尔也无法创造出这样的青蓝色。在这样的蓝色上布满了漆黑的斑纹，而在纤长优美的触角上，也交织着青蓝与漆黑。当我偶然在图鉴上瞥见它时，就一见钟情，想要亲眼看一看实物。我徜徉于田野山间，日复一日，季节轮转，却始终没有捉到这小小的琉璃星天牛。

有一年夏末，我从一棵倒下的橡树旁走过时，余光好像瞟到了什么。我慢慢转过身，小心翼翼不发出声音。一只琉璃星天牛就停落在朽树的褶皱之上。我以为自己眼花了。但那抹青蓝美得令人窒息。随着观看角度的变化,青蓝就像涟漪一样由浅入深。那是在我成为博士之前,感受到"不可思议的惊奇"的珍贵瞬间。我不禁感叹,为什么世界上会存在这样的蓝呢?

在我成为博士之后,仍然在一直思考这个问题。为什么世界需要这种鲜艳的颜色?不,或许,我应该做的不是去回答这个问题,而是赞美这个问题。

后记

与建筑师伊东丰雄先生交谈的时候，我说：

"我认为，少年的心在很小的时候就已经分化了。有的人喜欢昆虫、鱼和恐龙等有生气的东西，有的人喜欢铁道电车、机器人和枪械等无机质的东西。但是，这两种喜好的根源是相同的。无论是追求大自然缔造的生物，还是沉迷于人类创作的机械，都是对于'设计'的渴望与探究。换句话说，我们渴望记述这个丰富多彩的世界至今的历程。建筑师通常被认为是喜欢机械的那一派（现在很多大学都把建筑学专业归在工学部下），实际上，他们中很多人最早也是憧憬生物的那一派。我很想知道，在过去，伊东先生是不是昆虫少年呢？"

伊东先生便给我讲了这样一个故事：

"我是在乡下长大的。家附近有座湖。一到傍晚，蜻蜓的幼虫就会在岸边出现。我努力捕捉它们，带回家，装进容器里。我在里面放入树枝和草。天亮时分，幼虫们就会爬上枝叶，牢牢抓住，慢慢开始羽化。那时我还小，有时候看着看着就打盹，我还拜托父母，看见我打瞌睡的话一定要叫醒我。观察昆虫羽化真的很开心。我直到现在还时不时会想，如果我能设计出这样的建筑该有多好。"

这个故事让我深受感动。我仿佛能感受到，那时映在少年伊东眼中的生动景象。透明而细长的蝴蝶翅膀上，错综复杂的翅脉纹路在微微颤动。从幼虫中蜕变而出的蜻蜓身上还湿漉漉的。每一条脉纹上都洋溢着生命的张力。那双翅膀闪烁的光至今可见。

伊东先生的作品包括，映出如同榉树交织图案的TOD'S表参道大厦、仿佛由贝壳嵌制而成的银座MIKIMOTO大厦、形如在海中摇曳的海藻一般的仙台媒体中心。我似乎能够明白这些意象的来源。伊东先生也是一个打从心底有所喜欢的人，而且会一直喜欢下去。

本书是我在《周刊文春》开设的专栏"福冈博士的平行式转弯悖论"（2008年5月一　）中前70篇随笔的合集，在出版前重新进行了排序和编辑，并在内容上做了一些改动。

由于是在周刊杂志专栏上连载，我每周都得拼命赶稿，在死线前交上去。这些随笔以生物学家福冈博士的研究生活为中心，会写到近来发生的事件，也会写自己身边发生的琐事与趣事。不过，当我回过头来读自己的文章时，意外地发现，自己总在反复谈一些主题。这些主题正适合作为章节标题。到头来，一个人还是只能挖出与自己身高相当的一个洞。我也只不过是在一个狭窄的洞里挖的时间长了一些。

琉璃星天牛之青的魅力究竟从何而来呢？我思考了很久。也许是来自秩序，而秩序产生美。大自然创造的秩序看似是同一种模式的不断复制，但实际上，没有任何两种事物是完全相同的。这是一种不断波动的动态平衡，永不停歇地发生一次性的变位与变奏。但是，这种平衡不是真正的平衡。动态平衡是一种飘忽不定的非平衡，它始终在追求新的平衡，追求完美，却含有不可避免的不完美。琉璃星天牛之青向我们诉说的，正是这样一种生命状态，而我觉得它无比美丽。

执笔连载期间，我脑海中还有另一个"隐藏主题"。大言不惭地说，这个主题是教育论。教育与学习究竟意味着什么？围绕着这一主线，我也考虑了很多问题。

古谚云："就算把马牵到河边，也没法儿逼马喝水。"我经常反思这句话，引以为戒。这句谚语道出了学习行为的不可能性。不管如何强调学习是多么有趣，实际上，谁也不能强迫别人去享受学习的乐趣。但与此同时，这句谚语也可以解读为对学习行为的某种希望。至少，我还可以邀请别人来到河边。

或者说，我无法真正传达那双翅膀闪烁的青蓝色光辉，但也许，我还可以讲述：有个人从那里出发，踏上了寻找渺渺星光的旅途。

文库本后记：
琉璃星天牛之青因何美丽？

今年夏天，我时隔多年再一次看到了琉璃星天牛。还是那么鲜艳的青蓝色，从未改变。当我看到这种蓝，一种仿佛白兰地浓烈香味的陶醉感从鼻子涌上眼睛，令人目眩。这时我才注意到，琉璃星天牛之青，是因为凝聚在这只小而又小的甲虫的小而又小的背上，才如此美丽。

蓝是一种不可思议的颜色。自然界中有许多种蓝色。高远苍茫的天空之蓝，延伸到地平线之外的大海之蓝，蓝色之所以美丽，或许因为它染蓝了那些对生命无比重要的存在。空气之蓝，水之蓝……然而，无论你怎么看，也无法从风的颜色中看到蓝色。即使你伸出双手舀起一捧蓝色的湖水，那里也没有蓝色。大自然中充满了蓝色，但我们不可能从中取出蓝色、剪下蓝色。空气之蓝、水之蓝，也无法用作染蓝白布的染料。

因为自然界的蓝不是作为物质的蓝，而是作为现象的蓝。当光线在水中传播时，波长较长的红光会消失，波长较短的蓝光才能够到达。在空气中会发生瑞利散射现象，我们的眼睛看到的是被选中的蓝光。

因此，当发现这种蓝被提取、切割出来，并凝聚在这样一只小昆虫背上的时候，我打从心底感到震惊。这实在太罕见了。正因为大自然遍布着无穷无尽的蓝，如此凝练的一小块蓝才显得弥足珍贵。

时光流转，我又了解到，琉璃星天牛之青也是一种无法提取、切割的蓝。甲虫背部的细微构造能够反射蓝光。琉璃星天牛之青也是作为现象而存在。换言之，它仍在大自然无穷无尽的层阶之中。我依然在自然的螺旋楼梯上彷徨，时而往下走，时而往上走。不，说实话，我自己都不知道是在上升还是下降。

我很高兴，琉璃星天牛之青能以它本来的色彩，成为这本小书留了下来。

2012年6月

产品经理：姜　文
视觉统筹：马仕睿 @typo_d
印制统筹：赵路江
美术编辑：梁全新
版权统筹：李晓苏
营销统筹：好同学

豆瓣 / 微博 / 小红书 / 公众号
搜索「轻读文库」

mail@qingduwenku.com